JN021396

算数検定

実用数学技能検定® 数検

過去問題集

THE MATHEMATICS CERTIFICATION INSTITUTE OF JAPAN
[THE 9th GRADE]

9級

公益財団法人 日本数学検定協会

まえがき

このたびは，『実用数学技能検定　過去問題集　算数検定』（９～11級）を手に取っていただきありがとうございます。

当協会の行う「実用数学技能検定」は，小学校で習う範囲のものを「算数検定」，中学校以上で習うものを「数学検定」と区分し，総称を「数検」として親しまれています。

実用数学技能検定11級（小学校１年生程度）～９級（小学校３年生程度）で扱われる内容は，たとえば「数と計算」領域においては四則計算の基礎などが挙げられ，小学校４年生以降で扱われる学習内容を試行錯誤して取り組むために必要なものとなります。

平成29（2017）年に告示された小学校学習指導要領では，その基本的なねらいとして，『子供たちが未来社会を切り拓くための資質・能力を一層確実に育成することを目指す』ことが記されています。そして，各教科を通じて，『(1)知識及び技能の習得，(2)思考力，判断力，表現力等の育成，(3)学びに向かう力，人間性等の涵養（かんよう）』の実現が謳（うた）われています。さらに，小学校の算数科では，数学的活動を通して『日常の事象を数理的に捉え，算数の問題を見いだし，問題を自立的，協働的に解決し，学習の過程を振り返り，概念を形成するなどの学習の充実を図る』ことが示されています。こうした観点からも幼少期における数学的活動の経験は，これからの課題を発見し解決していくために重要な要素であり，小学校１～３年生でのさまざまな成功体験が数学的な見方・考え方を働かせることにつながります。

本書は，これまでに出題した検定問題を過去問題集としてまとめたものですが，無理のない範囲で取り組める内容であり，学びの成功体験が得やすくなっています。さらに，ご家庭での生活の中で算数を使う場面を与えることによって，学びに対する姿勢に変化が訪れ，物事を抽象的に捉えることやその内容を具体的な場面で活用することができるようになり，未来社会を切り拓くための資質・能力が育まれていくでしょう。

算数検定へのチャレンジを通して，問題に対して前向きに取り組むお子さんを見守っていただくとともに，時には一緒に学び合う環境を作っていただければ幸いです。

公益財団法人 日本数学検定協会

目次

別冊 各問題の解答と解説は別冊に掲載されています。
本体から取り外して使うこともできます。

検定概要

「実用数学技能検定」とは

「実用数学技能検定」（後援＝文部科学省。対象：1～11級）は，数学・算数の実用的な技能（計算・作図・表現・測定・整理・統計・証明）を測る「記述式」の検定で，公益財団法人日本数学検定協会が実施している全国レベルの実力・絶対評価システムです。

検定階級

1級，準1級，2級，準2級，3級，4級，5級，6級，7級，8級，9級，10級，11級，かず・かたち検定のゴールドスター，シルバースターがあります。おもに，数学領域である1級から5級までを「数学検定」と呼び，算数領域である6級から11級，かず・かたち検定までを「算数検定」と呼びます。

1次：計算技能検定／2次：数理技能検定

数学検定（1～5級）には，計算技能を測る「1次：計算技能検定」と数理応用技能を測る「2次：数理技能検定」があります。算数検定（6～11級，かず・かたち検定）には，1次・2次の区分はありません。

「実用数学技能検定」の特長とメリット

①「記述式」の検定

解答を記述することで，答えに至る過程や結果について理解しているかどうかをみることができます。

②学年をまたぐ幅広い出題範囲

準1級から10級までの出題範囲は，目安となる学年とその下の学年の2学年分または3学年分にわたります。１年前，2年前に学習した内容の理解についても確認することができます。

③取り組みがかたちになる

検定合格者には「合格証」を発行します。算数検定では，合格点に満たない場合でも，「未来期待証」を発行し，算数の学習への取り組みを証します。

合格証

未来期待証

受検方法

受検方法によって，検定日や検定料，受検できる階級や申込方法などが異なります。くわしくは公式サイトでご確認ください。

個人受検

個人受検とは，協会が全国主要都市に設けた個人受検会場で受検する方法です。検定は年に３回実施します。

提携会場受検

提携会場受検とは，協会が提携した機関が設けた会場で受検する方法です。実施する検定回や階級は，会場ごとに異なります。

団体受検

団体受検とは，学校や学習塾などで受検する方法です。団体が選択した検定日に実施されます。くわしくは学校や学習塾にお問い合わせください。

検定日当日の持ち物

階級／持ち物	1～5級		6～8級	9～11級	かず・かたち検定
	1次	2次			
受検証（写真貼付）※1	必須	必須	必須	必須	
鉛筆またはシャープペンシル（黒のHB・B・2B）	必須	必須	必須	必須	必須
消しゴム	必須	必須	必須	必須	必須
ものさし（定規）		必須	必須	必須	
コンパス		必須	必須		
分度器			必須		
電卓（算盤）※2		使用可			

※1　個人受検と提携会場受検のみ

※2　使用できる電卓の種類　○一般的な電卓　○関数電卓　○グラフ電卓
通信機能や印刷機能をもつもの，携帯電話・スマートフォン・電子辞書・パソコンなどの電卓機能は使用できません。

階級の構成

<table>
<tr><th></th><th>階級</th><th>構成</th><th>検定時間</th><th>出題数</th><th>合格基準</th><th>目安となる学年</th></tr>
<tr><td rowspan="7">数学検定</td><td>1級</td><td rowspan="7">1次：
計算技能検定

2次：
数理技能検定

があります。

はじめて受検するときは1次・2次両方を受検します。</td><td rowspan="2">1次：60分
2次：120分</td><td rowspan="2">1次：7問
2次：2題必須・5題より2題選択</td><td rowspan="7">1次：
全問題の70%程度

2次：
全問題の60%程度</td><td>大学程度・一般</td></tr>
<tr><td>準1級</td><td>高校3年程度
(数学Ⅲ程度)</td></tr>
<tr><td>2級</td><td rowspan="2">1次：50分
2次：90分</td><td>1次：15問
2次：2題必須・5題より3題選択</td><td>高校2年程度
(数学Ⅱ・数学B程度)</td></tr>
<tr><td>準2級</td><td>1次：15問
2次：10問</td><td>高校1年程度
(数学Ⅰ・数学A程度)</td></tr>
<tr><td>3級</td><td rowspan="3">1次：50分
2次：60分</td><td rowspan="3">1次：30問
2次：20問</td><td>中学校3年程度</td></tr>
<tr><td>4級</td><td>中学校2年程度</td></tr>
<tr><td>5級</td><td>中学校1年程度</td></tr>
<tr><td rowspan="6">算数検定</td><td>6級</td><td rowspan="8">1次／2次の区分はありません。</td><td rowspan="3">50分</td><td rowspan="3">30問</td><td rowspan="6">全問題の70%程度</td><td>小学校6年程度</td></tr>
<tr><td>7級</td><td>小学校5年程度</td></tr>
<tr><td>8級</td><td>小学校4年程度</td></tr>
<tr><td>9級</td><td rowspan="5">40分</td><td rowspan="3">20問</td><td>小学校3年程度</td></tr>
<tr><td>10級</td><td>小学校2年程度</td></tr>
<tr><td>11級</td><td>小学校1年程度</td></tr>
<tr><td rowspan="2">かず・かたち検定</td><td>ゴールドスター</td><td rowspan="2">15問</td><td rowspan="2">10問</td><td rowspan="2">幼児</td></tr>
<tr><td>シルバースター</td></tr>
</table>

9級の検定基準(抄)

検定の内容	技能の概要	目安となる学年
整数の表し方，整数の加減，２けたの数をかけるかけ算，１けたの数でわるわり算，小数・分数の意味と表し方，小数・分数の加減，長さ・重さ・時間の単位と計算，時刻の理解，円と球の理解，二等辺三角形・正三角形の理解，数量の関係を表す式，表や棒グラフの理解 など	**身近な生活に役立つ基礎的な算数技能** ①色紙などを，計算して同じ数に分けることができる。 ②調べたことを表や棒グラフにまとめることができる。 ③体重を単位を使って比較できる。	小学校３年程度
百の位までのたし算・ひき算，かけ算の意味と九九，簡単な分数，三角形・四角形の理解，正方形・長方形・直角三角形の理解，箱の形，長さ・水のかさと単位，時間と時計の見方，人数や個数の表やグラフ など	**身近な生活に役立つ基礎的な算数技能** ①商品の代金・おつりの計算ができる。 ②同じ数のまとまりから，全体の数を計算できる。 ③リボンの長さ・コップに入る水の体積を単位を使って表すことができる。 ④身の回りにあるものを分類し，整理して簡単な表やグラフに表すことができる。	小学校２年程度

９級の検定内容の構造

小学校３年程度	小学校２年程度	特有問題
45%	45%	10%

※割合はおおよその目安です。
※検定内容の10%にあたる問題は，実用数学技能検定特有の問題です。

9 級

さんすうけんてい

算数検定

実用数学技能検定®

［文部科学省後援］

第1回　〔検定時間〕40分

検定上の注意

1. 自分が受検する階級の問題用紙であるか確認してください。
2. 検定開始の合図があるまで問題用紙を開かないでください。
3. 解答用紙に名前・受検番号・生年月日を書いてください。
4. この表紙の右下のらんに，名前・受検番号を書いてください。
5. 答えはぜんぶ解答用紙に書いてください。
6. ものさしを使うことができます。電卓は使えません。
7. 携帯電話は電源を切り，検定中に使わないでください。
8. 検定が終わったら，この問題用紙を解答用紙といっしょに集めます。

下記の「個人情報の取扱い」についてご同意いただいたうえでご提出ください。

【このフォームでお預かりするすべての個人情報の取り扱いについて】

1．事業者の名称　公益財団法人日本数学検定協会

2．個人情報保護管理者の職名，所属および連絡先
管理者職名：個人情報保護管理者
所属部署：事務局　事務局次長　連絡先：03-5812-8340

3．個人情報の利用目的　受検者情報の管理，採点，本人確認のため。

4．個人情報の第三者への提供　団体窓口経由でお申込みの場合は，検定結果を通知するために，申し込み情報，氏名，受検階級，成績を，Webでのお知らせまたはFAX，送付，電子メール添付などにより，お申し込みもとの団体様に提供します。

5．個人情報取り扱いの委託　前項利用目的の範囲に限って個人情報を外部に委託することがあります。

6．個人情報の開示等の請求　ご本人様はご自身の個人情報の開示等に関して，下記の当協会お問い合わせ窓口に申し出ることができます。その際，当協会はご本人様を確認させていただいたうえで，合理的な対応を期間内にいたします。
【問い合わせ窓口】
公益財団法人日本数学検定協会　検定問い合わせ係
〒110-0005 東京都台東区上野5-1-1 文昌堂ビル6階
TEL：03-5812-8340　電話問い合わせ時間 月～金 9:30-17:00
（祝日・年末年始・当協会の休業日を除く）

7．個人情報を提供されることの任意性について
ご本人様が当協会に個人情報を提供されるかどうかは任意によるものです。ただし正しい情報をいただけない場合，適切な対応ができない場合があります。

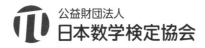

名前	
受検番号	－

公益財団法人
日本数学検定協会

1 次の計算をしましょう。 (計算技能)

（1） 45＋68

（2） 105－66

（3） 780－53

（4） 504＋86－49

（5） 9×7

（6） 427×58

（7） 42÷6

（8） 88÷4

（9） 3.2＋5.9

(10) $\frac{6}{7}-\frac{2}{7}$

2　ひとみさんは，クラスの人がいちばんすきなきゅう食のメニューを調べ，その人数を○を使って右のグラフに表しました。これについて，次の問題に答えましょう。

(統計技能)

(11)　スパゲッティがすきな人は何人ですか。

(12)　ハンバーグがすきな人は，カレーライスがすきな人より何人少ないですか。

すきなメニュー

○				
○	○			
○	○			
○	○	○		
○	○	○	○	
○	○	○	○	
○	○	○	○	○
○	○	○	○	○
○	○	○	○	○
カレーライス	スパゲッティ	ハンバーグ	あげパン	ハヤシライス

3 右(みぎ)の図(ず)のような箱(はこ)の形(かたち)について，次(つぎ)の問題(もんだい)に答(こた)えましょう。

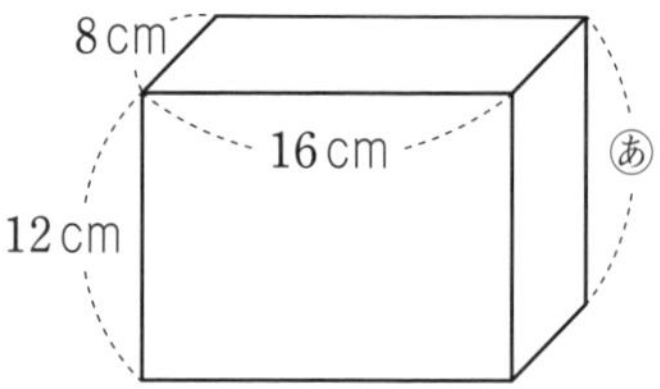

(13)　ちょう点(てん)はいくつありますか。

(14)　㋐の長(なが)さは何(なん) cm ですか。

4　1ふくろに14まいずつ入った色紙が4ふくろあります。これについて，次の問題に答えましょう。

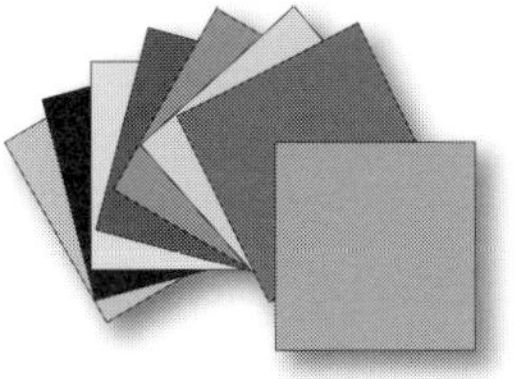

(15)　色紙は全部で何まいありますか。この問題は，式と答えを書きましょう。

(16)　この色紙を，1人に9まいずつ配ると，何人に配ることができて，何まいあまりますか。

5 右の図のように，大きい円の中に，点イ，ウ，エを中心とする小さい円が３つぴったり入っています。点イ，ウ，エを中心とする円の直径は，それぞれ５cm，６cm，７cm です。直線アオは４つの円の中心を通ります。このとき，次の問題にたんいをつけて答えましょう。

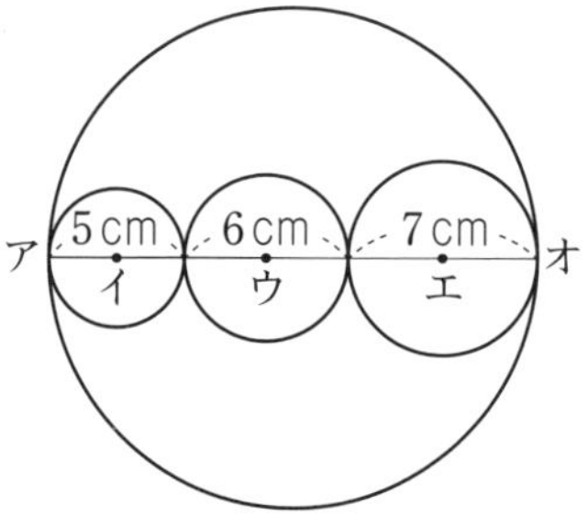

(17)　点ウを中心とする円の半径は何 cm ですか。

(18)　いちばん大きい円の半径は何 cm ですか。

6 　形も大きさも同じ①②③④の４つの玉があります。この中に１つだけ，ほかの玉とくらべて重さのちがう玉がまざっています。このうち，①と②の玉をてんびんを使ってくらべたところ，図１のようになりました。これについて，次の問題に答えましょう。（整理技能）

図１

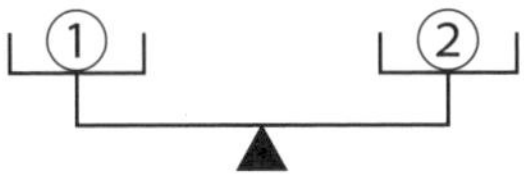

(19)　図１から，重さのちがう玉が２つにしぼられます。その２つの玉はどれとどれですか。①から④までの中から２つえらんで，その玉に書かれた数を答えましょう。

(20)　次に，図２のように①と③の玉の重さをくらべました。重さのちがう玉はどれですか。①から④までの中から１つえらんで，その玉に書かれた数を答えましょう。

図２

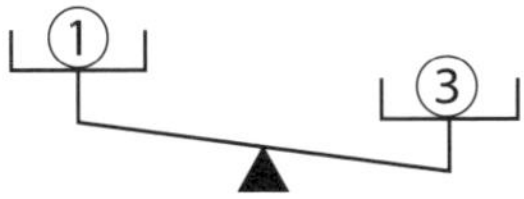

算数検定 解答用紙 第 1 回 9級

1	(1)	
	(2)	
	(3)	
	(4)	
	(5)	
	(6)	
	(7)	
	(8)	
	(9)	
	(10)	

●答えを直すときは、消しゴムできれいに消してください。
●答えは、解答用紙にはっきりと書いてください。

ここにバーコードシールをはってください。

太わくの部分は必ず記入してください。

ふりがな		受検番号
姓	名	—
生年月日	大正 昭和 平成 西暦　年　月　日生	
性別（□をぬりつぶしてください）男□ 女□		年齢　歳
住所	□□□-□□□□	/20

公益財団法人 日本数学検定協会

実用数学技能検定 9級

2	(11)	人
	(12)	人
3	(13)	つ
	(14)	cm
4	(15)	(式) (答え) まい
	(16)	人数 人 ／ あまり まい
5	(17)	
	(18)	
6	(19)	と
	(20)	

●この検定が実施された日時を書いてください。
日付：(　)年(　)月(　)日
時間：(　)時(　)分～(　)時(　)分

●時間のある人はアンケートにご協力ください。あてはまるものの□をぬりつぶしてください。

算数・数学は得意ですか。 はい □　いいえ □	検定時間はどうでしたか。 短い □　よい □　長い □	問題の内容はどうでしたか。 難しい □　ふつう □　易しい □

おもしろかった問題は何番ですか。1～6までの中から2つまで選び，ぬりつぶしてください。

1　2　3　4　5　6　(よい例 ■　悪い例 ☑)

監督官から「この検定問題は，本日開封されました」という宣言を聞きましたか。
(はい □　いいえ □)

検定をしているとき，監督官はずっといましたか。(はい □　いいえ □)

Memo

9級

算数検定

実用数学技能検定®

［文部科学省後援］

第2回

第2回　〔検定時間〕40分

検定上の注意

1. 自分が受検する階級の問題用紙であるか確認してください。
2. 検定開始の合図があるまで問題用紙を開かないでください。
3. 解答用紙に名前・受検番号・生年月日を書いてください。
4. この表紙の右下のらんに，名前・受検番号を書いてください。
5. 答えはぜんぶ解答用紙に書いてください。
6. ものさしを使うことができます。電卓は使えません。
7. 携帯電話は電源を切り，検定中に使わないでください。
8. 検定が終わったら，この問題用紙を解答用紙といっしょに集めます。

下記の「個人情報の取扱い」についてご同意いただいたうえでご提出ください。

【このフォームでお預かりするすべての個人情報の取り扱いについて】

1. 事業者の名称　公益財団法人日本数学検定協会
2. 個人情報保護管理者の職名，所属および連絡先
   管理者職名：個人情報保護管理者
   所属部署：事務局　事務局次長　連絡先：03-5812-8340
3. 個人情報の利用目的　受検者情報の管理，採点，本人確認のため。
4. 個人情報の第三者への提供　団体窓口経由でお申込みの場合は，検定結果を通知するために，申し込み情報，氏名，受検階級，成績を，Webでのお知らせまたはFAX，送付，電子メール添付などにより，お申し込みもとの団体様に提供します。
5. 個人情報取り扱いの委託　前項利用目的の範囲に限って個人情報を外部に委託することがあります。
6. 個人情報の開示等の請求　ご本人様はご自身の個人情報の開示等に関して，下記の当協会お問い合わせ窓口に申し出ることができます。その際，当協会はご本人様を確認させていただいたうえで，合理的な対応を期間内にいたします。
   【問い合わせ窓口】
   公益財団法人日本数学検定協会　検定問い合わせ係
   〒110-0005 東京都台東区上野5-1-1 文昌堂ビル6階
   TEL：03-5812-8340　電話問い合わせ時間 月～金 9:30-17:00
   （祝日・年末年始・当協会の休業日を除く）
7. 個人情報を提供されることの任意性について
   ご本人様が当協会に個人情報を提供されるかどうかは任意によるものです。ただし正しい情報をいただけない場合，適切な対応ができない場合があります。

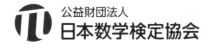

名前	
受検番号	－

公益財団法人
日本数学検定協会

1 次(つぎ)の計算(けいさん)をしましょう。　　(計算技能)

（1） 87＋46

（2） 141－89

（3） 813＋57

（4） 791－86＋57

（5） 7×8

（6） 437×53

（7） 48÷6

（8） 96÷3

（9） 8.1－4.5

(10) $\frac{1}{9}+\frac{7}{9}$

2　ジュースがはじめに2L3dL ありました。きのうは1L2dL，今日(きょう)は5dL 飲(の)みました。次(つぎ)の問題(もんだい)に答(こた)えましょう。

(11)　きのうと今日で，ジュースを合(あ)わせて何(なん)L 何 dL 飲みましたか。

(12)　きのうと今日飲んだあと，のこっているジュースは何 dL ですか。

3 四角形について，次の問題に答えましょう。

(13)　正方形はどれですか。㋐から㋓までの中から１つえらんで，記号で答えましょう。

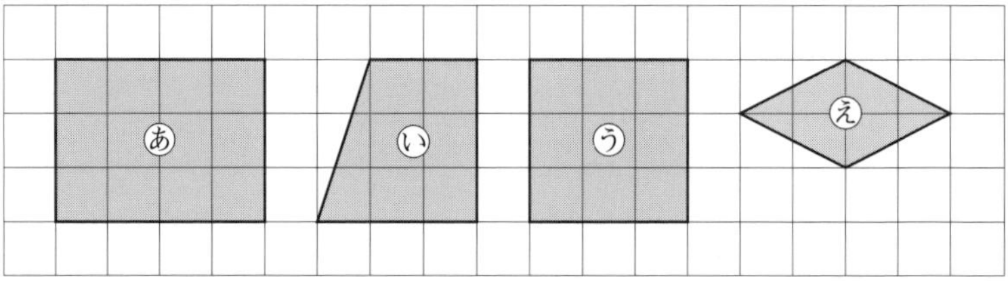

(14)　長方形について，あてはまるものはどれとどれですか。下の①から④までの中から２つえらんで，番号で答えましょう。

①　向かい合う辺の長さが同じになっている。

②　４つの辺の長さがみんな同じになっている。

③　４つの角がみんな直角になっている。

④　直角の角が１つだけある。

4 なおやさんの学校の３年生はクラスが５つあり，どのクラスも２７人です。次の問題に答えましょう。

(15) なおやさんの学校の３年生は全部で何人ですか。この問題は，式と答えを書きましょう。

(16) なおやさんのクラス全員が体育館に集まり，長いすにすわります。１きゃくの長いすに６人ずつすわると，さい後の１きゃくにすわる人数は６人より少なくなります。６人すわる長いすは何きゃくで，さい後の１きゃくにすわる人数は何人ですか。

5　右の図のように，点イを中心とする半径4cmの円と，点ウを中心とする半径3cmの円がぴったりくっついています。直線アエが２つの円の中心を通るとき，次の問題にたんいをつけて答えましょう。

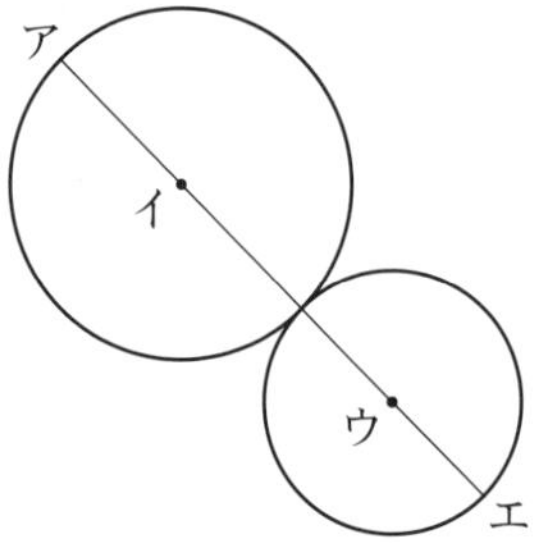

(17)　点イを中心とする円の直径は何cmですか。

(18)　直線アエの長さは何cmですか。

6　図1のような9このます目があります。ます目の上に，図2のような3まいのカードをおいて，たて，横，ななめにならんだ3つの数の合計が，どれも等しくなるようにします。カードは，回したりうら返したりしてはいけません。

図1

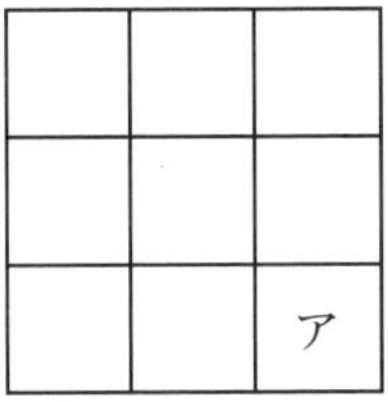

図2

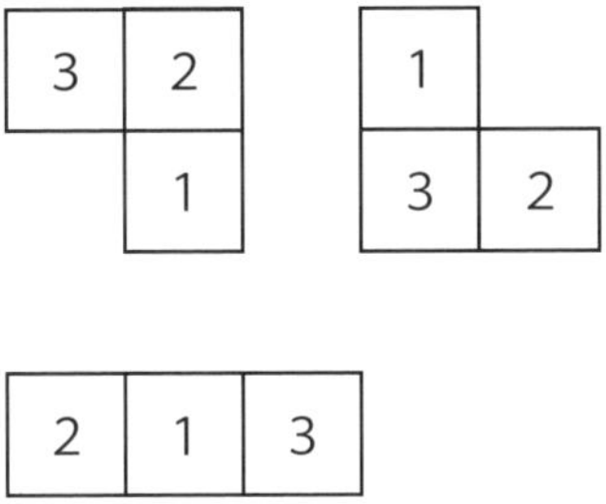

次の問題に答えましょう。　　(整理技能)

(19)　横にならぶ3つの数の合計をもとめましょう。

(20)　アにあてはまる数をもとめましょう。

算数検定　解答用紙　第 2 回　9級

1	(1)	
	(2)	
	(3)	
	(4)	
	(5)	
	(6)	
	(7)	
	(8)	
	(9)	
	(10)	

●答えを直すときは、消しゴムできれいに消してください。
●答えは、解答用紙にはっきりと書いてください。

ここにバーコードシールをはってください。

太わくの部分は必ず記入してください。

ふりがな			受検番号
姓	名		—
生年月日	大正　昭和　平成　西暦	年　月　日生	
性別（□をぬりつぶしてください）男□　女□		年齢　歳	
住所	□□□-□□□□		/20

公益財団法人 日本数学検定協会

2	(11)	L　　　dL
	(12)	dL
3	(13)	
	(14)	と
4	(15)	(式) (答え)　　　人
	(16)	きゃく　　　人
5	(17)	
	(18)	
6	(19)	
	(20)	

●この検定が実施された日時を書いてください。
日付：（　）年（　）月（　）日
時間：（　）時（　）分～（　）時（　）分

●時間のある人はアンケートにご協力ください。あてはまるものの□をぬりつぶしてください。

算数・数学は得意ですか。 はい □　いいえ □	検定時間はどうでしたか。 短い □　よい □　長い □	問題の内容はどうでしたか。 難しい □　ふつう □　易しい □

おもしろかった問題は何番ですか。1 ～ 6 までの中から2つまで選び，ぬりつぶしてください。

1　2　3　4　5　6　　（よい例 ■　悪い例 ☑）

監督官から「この検定問題は，本日開封されました」という宣言を聞きましたか。
（ はい □　いいえ □ ）

検定をしているとき，監督官はずっといましたか。（ はい □　いいえ □ ）

Memo

9級

算数検定

実用数学技能検定®

［文部科学省後援］

第3回　〔検定時間〕40分

第3回

検定上の注意

1. 自分が受検する階級の問題用紙であるか確認してください。
2. 検定開始の合図があるまで問題用紙を開かないでください。
3. 解答用紙に名前・受検番号・生年月日を書いてください。
4. この表紙の右下のらんに，名前・受検番号を書いてください。
5. 答えはぜんぶ解答用紙に書いてください。
6. ものさしを使うことができます。電卓は使えません。
7. 携帯電話は電源を切り，検定中に使わないでください。
8. 検定が終わったら，この問題用紙を解答用紙といっしょに集めます。

下記の「個人情報の取扱い」についてご同意いただいたうえでご提出ください。

【このフォームでお預かりするすべての個人情報の取り扱いについて】

1. 事業者の名称　公益財団法人日本数学検定協会
2. 個人情報保護管理者の職名，所属および連絡先
   管理者職名：個人情報保護管理者
   所属部署：事務局　事務局次長　連絡先：03-5812-8340
3. 個人情報の利用目的　受検者情報の管理，採点，本人確認のため。
4. 個人情報の第三者への提供　団体窓口経由でお申込みの場合は，検定結果を通知するために，申し込み情報，氏名，受検階級，成績を，Webでのお知らせまたはFAX，送付，電子メール添付などにより，お申し込みもとの団体様に提供します。
5. 個人情報取り扱いの委託　前項利用目的の範囲に限って個人情報を外部に委託することがあります。
6. 個人情報の開示等の請求　ご本人様はご自身の個人情報の開示等に関して，下記の当協会お問い合わせ窓口に申し出ることができます。その際，当協会はご本人様を確認させていただいたうえで，合理的な対応を期間内にいたします。
   【問い合わせ窓口】
   公益財団法人日本数学検定協会　検定問い合わせ係
   〒110-0005 東京都台東区上野5-1-1 文昌堂ビル6階
   TEL：03-5812-8340　電話問い合わせ時間 月～金 9:30-17:00
   （祝日・年末年始・当協会の休業日を除く）
7. 個人情報を提供されることの任意性について
   ご本人様が当協会に個人情報を提供されるかどうかは任意によるものです。ただし正しい情報をいただけない場合，適切な対応ができない場合があります。

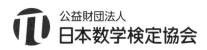

名前	
受検番号	－

公益財団法人
日本数学検定協会

1 次の計算をしましょう。（計算技能）

（1） 43＋28

（2） 115－97

（3） 326＋54

（4） 900－400＋300

（5） 7×5

（6） 42×16

（7） 54÷9

（8） 64÷2

（9） 7.2－6.8

（10） $\frac{5}{9}+\frac{2}{9}$

2　さとるさんは，クラスの人が生まれた月を調べて，それぞれの月に生まれた人数を，○を使って下のグラフに表しました。次の問題に答えましょう。　　　　　　　　　　　　　　　　　　　（統計技能）

生まれた月調べ

							○				
				○		○	○	○			
○				○		○	○	○	○		
○		○		○		○	○	○	○		○
○	○	○	○	○	○	○	○	○	○	○	○
1月	2月	3月	4月	5月	6月	7月	8月	9月	10月	11月	12月

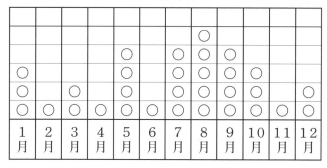

(11)　生まれた人数がいちばん多い月は，何月ですか。

(12)　生まれた人数が１月と同じ月は，何月ですか。

3 右の箱の形について，次の問題に答えましょう。

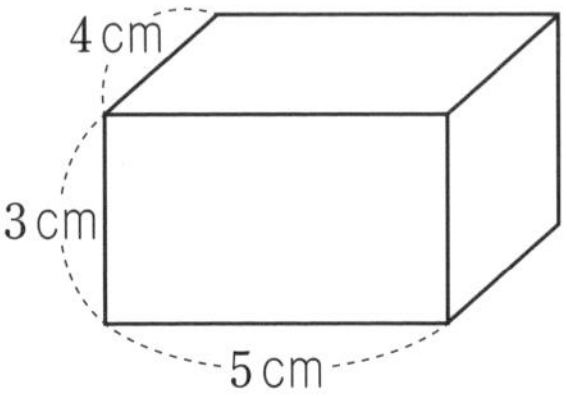

(13) 長さが3cmの辺はいくつありますか。

(14) 下の四角形の中で，この箱の面にない形はどれですか。㋐から㋓までの中から1つえらんで，記号で答えましょう。

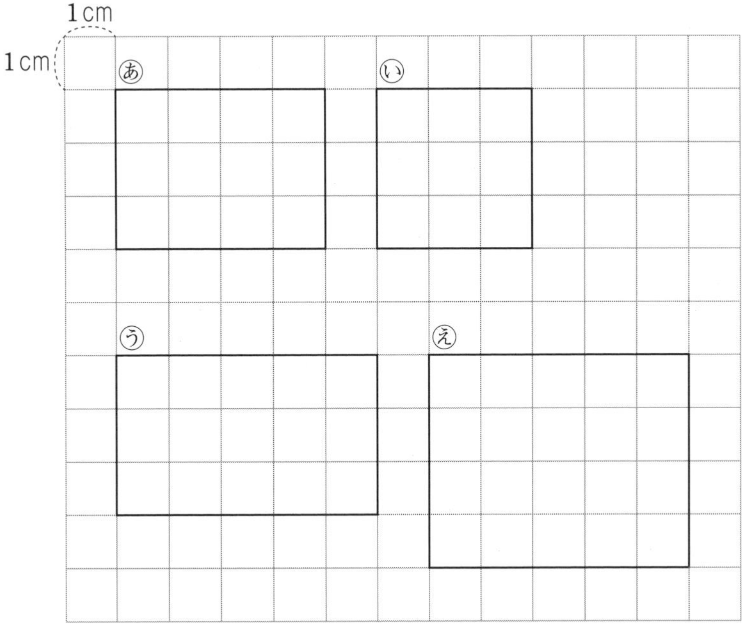

4　ドーナツが40こあります。次の問題に答えましょう。

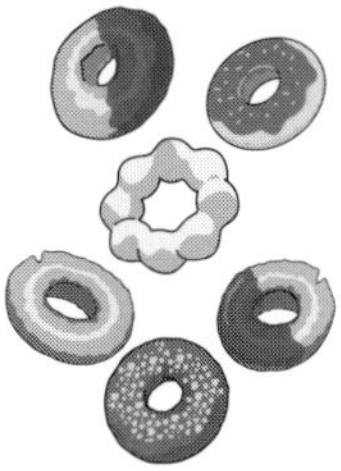

(15)　ドーナツを5人に同じ数ずつ配るとき，1人分は何こになりますか。この問題は，式と答えを書きましょう。

(16)　ドーナツを6こずつ箱に入れていきます。箱はいくつできて，ドーナツは何こあまりますか。

5 右の図のように，点ウを中心とする大きい円の中に，点イを中心とする直径６cmの円と，点エを中心とする半径６cmの円がぴったり入っています。直線アオが３つの円の中心を通るとき，次の問題にたんいをつけて答えましょう。　(測定技能)

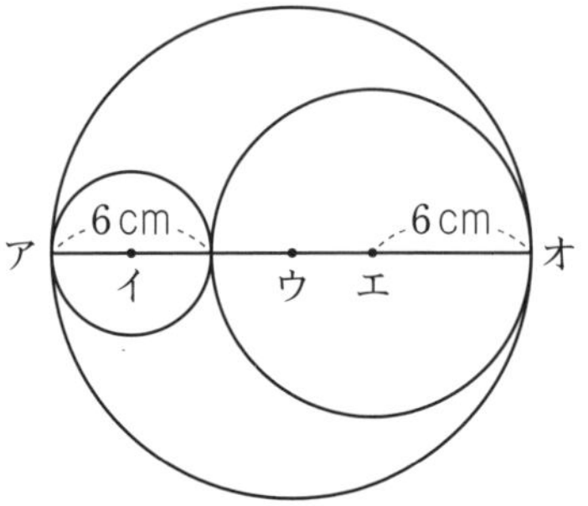

(17)　点エを中心とする円の直径は何cmですか。

(18)　点ウを中心とする大きい円の半径は何cmですか。

6　1ｇ，３ｇ，７ｇのおもりが１こずつあります。これらのおもりとてんびんを使うと，１回でいろいろな重さのさとうをはかりとることができます。

たとえば，さとうを９ｇはかりとることを考えます。まず図１のように，左の皿に３ｇと７ｇのおもりをのせます。次に，図２のように右の皿に１ｇのおもりをのせて，図３のようにてんびんがつり合うようにさとうをのせれば，９ｇのさとうをはかりとることができます。

図１　　　　図２　　　　図３

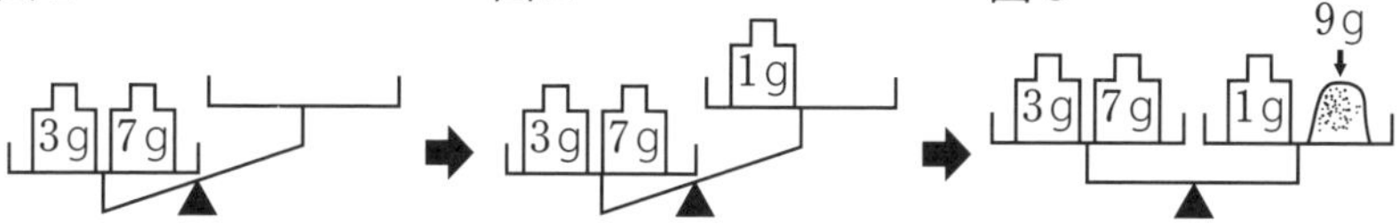

次の問題に答えましょう。　　　　(整理技能)

(19)　てんびんを１回使って，さとうを６ｇはかりとります。図４のように，左右の皿に１こずつおもりをのせ，てんびんがつり合うように，右の皿にさとうをのせます。このとき，左の皿にのせるおもりは，何ｇのおもりですか。

図４

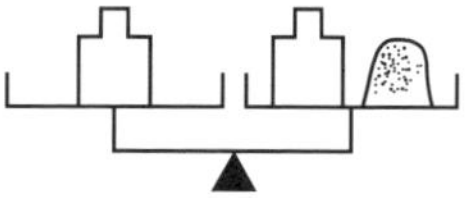

(20)　てんびんを１回使って，さとうを４ｇはかりとるとき，おもりののせ方は２通りあります。どちらののせ方でも使うことになるおもりは，何ｇのおもりですか。

算数検定 解答用紙 第3回 9級

1	(1)	
	(2)	
	(3)	
	(4)	
	(5)	
	(6)	
	(7)	
	(8)	
	(9)	
	(10)	

●答えを直すときは、消しゴムできれいに消してください。
●答えは、解答用紙にはっきりと書いてください。

ここにバーコードシールをはってください。

太わくの部分は必ず記入してください。

ふりがな		受検番号
姓	名	—
生年月日	大正 昭和 平成 西暦　年　月　日生	
性別（□をぬりつぶしてください）男□ 女□		年齢　歳
住所	□□□-□□□□	/20

公益財団法人 日本数学検定協会

2	(11)	月
	(12)	月
3	(13)	つ
	(14)	
4	(15)	(式) (答え) こ
	(16)	箱 つ ／ あまり こ
5	(17)	
	(18)	
6	(19)	g
	(20)	g

●この検定が実施された日時を書いてください。
日付：（　）年（　）月（　）日
時間：（　）時（　）分～（　）時（　）分

●時間のある人はアンケートにご協力ください。あてはまるものの□をぬりつぶしてください。

算数・数学は得意ですか。 はい □　いいえ □	検定時間はどうでしたか。 短い □　よい □　長い □	問題の内容はどうでしたか。 難しい □　ふつう □　易しい □

おもしろかった問題は何番ですか。1 ～ 6 までの中から2つまで選び，ぬりつぶしてください。

1　2　3　4　5　6　（よい例 ■　悪い例 ☑）

監督官から「この検定問題は，本日開封されました」という宣言を聞きましたか。
（ はい □　いいえ □ ）

検定をしているとき，監督官はずっといましたか。
（ はい □　いいえ □ ）

Memo

さんすうけんてい
算数検定

9級

実用数学技能検定®
［文部科学省後援］

第4回 〔検定時間〕40分

検定上の注意

1. 自分が受検する階級の問題用紙であるか確認してください。
2. 検定開始の合図があるまで問題用紙を開かないでください。
3. 解答用紙に名前・受検番号・生年月日を書いてください。
4. この表紙の右下のらんに，名前・受検番号を書いてください。
5. 答えはぜんぶ解答用紙に書いてください。
6. ものさしを使うことができます。電卓は使えません。
7. 携帯電話は電源を切り，検定中に使わないでください。
8. 検定が終わったら，この問題用紙を解答用紙といっしょに集めます。

下記の「個人情報の取扱い」についてご同意いただいたうえでご提出ください。

【このフォームでお預かりするすべての個人情報の取り扱いについて】

1．事業者の名称　　公益財団法人日本数学検定協会
2．個人情報保護管理者の職名，所属および連絡先
管理者職名：個人情報保護管理者
所属部署：事務局　事務局次長　　連絡先：03-5812-8340
3．個人情報の利用目的　　受検者情報の管理，採点，本人確認のため。
4．個人情報の第三者への提供　　団体窓口経由でお申込みの場合は，検定結果を通知するために，申し込み情報，氏名，受検階級，成績を，Webでのお知らせまたはFAX，送付，電子メール添付などにより，お申し込みもとの団体様に提供します。
5．個人情報取り扱いの委託　　前項利用目的の範囲に限って個人情報を外部に委託することがあります。
6．個人情報の開示等の請求　　ご本人様はご自身の個人情報の開示等に関して，下記の当協会お問い合わせ窓口に申し出ることができます。その際，当協会はご本人様を確認させていただいたうえで，合理的な対応を期間内にいたします。
【問い合わせ窓口】
公益財団法人日本数学検定協会　検定問い合わせ係
〒110-0005 東京都台東区上野5-1-1 文昌堂ビル6階
TEL：03-5812-8340　電話問い合わせ時間 月～金 9:30-17:00
（祝日・年末年始・当協会の休業日を除く）
7．個人情報を提供されることの任意性について
ご本人様が当協会に個人情報を提供されるかどうかは任意によるものです。ただし正しい情報をいただけない場合，適切な対応ができない場合があります。

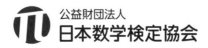

名前	
受検番号	－

第4回

公益財団法人
日本数学検定協会

1 次の計算をしましょう。（計算技能）

（1）37＋68

（2）141－84

（3）515＋47

（4）772－56＋18

（5）8×7

（6）637×48

（7）63÷9

（8）86÷2

（9）5.3＋2.8

（10）$\frac{8}{9}-\frac{7}{9}$

2 かおりさんは，えんぴつを７２本持っていました。妹に２８本あげたところ，妹が持っているえんぴつは３４本になりました。次の問題に答えましょう。

(11) 妹にあげたあと，かおりさんが持っているえんぴつは何本になりましたか。

(12) 妹は，はじめにえんぴつを何本持っていましたか。この問題は，式と答えを書きましょう。

3　図１のような直角三角形の色紙が何まいかあります。この色紙を，すき間も重なりもなくならべて，四角形をつくります。次の問題に答えましょう。

図１

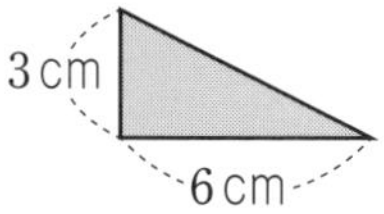

(13)　図２のような１辺の長さが６cmの正方形をつくるとき，色紙は何まい使いますか。

図２

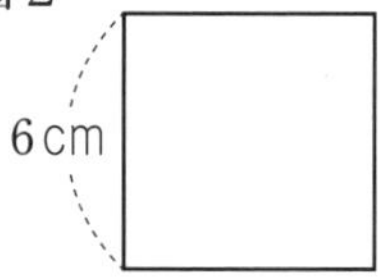

(14)　図３のようなたての長さが９cm，横の長さが１２cmの長方形をつくるとき，色紙は何まい使いますか。

図３

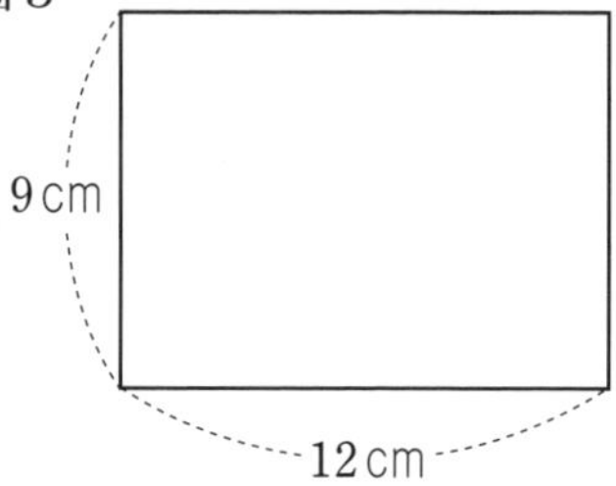

4 こうじさんは，学校を出て１５分歩き，午後３時１０分に家に着きました。次の問題に答えましょう。

(15) こうじさんが学校を出た時こくは，午後何時何分ですか。

(16) こうじさんは，家に着いてから午後４時３０分まで勉強をしました。こうじさんが勉強をした時間は，何時間何分ですか。

5 右の図のように，長方形アイウエの中に，同じ大きさの円が２つぴったり入っています。次の問題にたんいをつけて答えましょう。

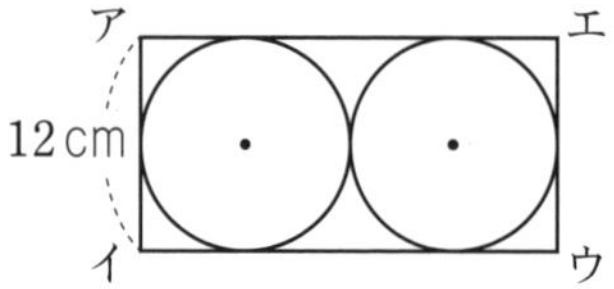

(17) 円の半径は何cmですか。

(18) 辺アエの長さは何cmですか。

6 右の図のように，部屋の角に同じ大きさのつみ木を27こつみました。この形につんだあと，上の面は赤色に，前の面は青色に，右の面は緑色にぬりました。次の問題に答えましょう。　(整理技能)

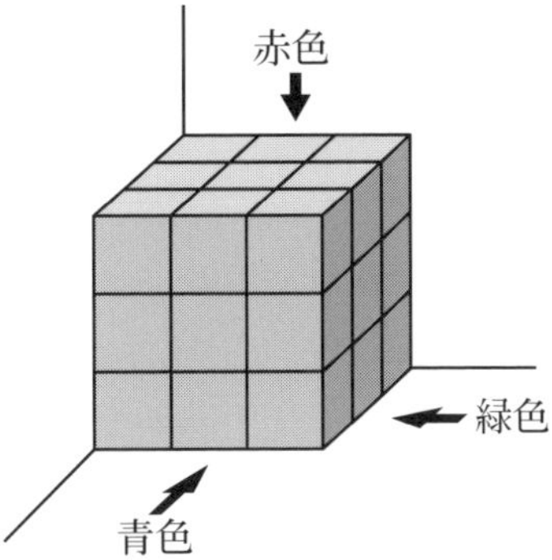

(19)　3色ともぬられているつみ木は，何こありますか。

(20)　1色もぬられていないつみ木は，何こありますか。

算数検定 解答用紙 第 4 回 9級

1	(1)	
	(2)	
	(3)	
	(4)	
	(5)	
	(6)	
	(7)	
	(8)	
	(9)	
	(10)	

●答えを直すときは、消しゴムできれいに消してください。
●答えは、解答用紙にはっきりと書いてください。

ここにバーコードシールをはってください。

太わくの部分は必ず記入してください。

ふりがな		受検番号
姓	名	—
生年月日	大正 昭和 平成 西暦 年 月 日生	
性別（□をぬりつぶしてください）男□ 女□		年齢 歳
住所	□□□-□□□□	/20

公益財団法人 日本数学検定協会

2	(11)	本
	(12)	(式) (答え) 本
3	(13)	まい
	(14)	まい
4	(15)	午後 時 分
	(16)	時間 分
5	(17)	
	(18)	
6	(19)	こ
	(20)	こ

●この検定が実施された日時を書いてください。

日付：（ ）年（ ）月（ ）日

時間：（ ）時（ ）分～（ ）時（ ）分

●時間のある人はアンケートにご協力ください。あてはまるものの□をぬりつぶしてください。

算数・数学は得意ですか。 はい □ いいえ □	検定時間はどうでしたか。 短い □ よい □ 長い □	問題の内容はどうでしたか。 難しい □ ふつう □ 易しい □

おもしろかった問題は何番ですか。 1 ～ 6 までの中から2つまで選び，ぬりつぶしてください。

1 2 3 4 5 6 （よい例 1 悪い例 ✓ ）

監督官から「この検定問題は，本日開封されました」という宣言を聞きましたか。

（ はい □ いいえ □ ）

検定をしているとき，監督官はずっといましたか。 （ はい □ いいえ □ ）

Memo

9級

算数検定

実用数学技能検定®

［文部科学省後援］

第5回　〔検定時間〕40分

検定上の注意

1．自分が受検する階級の問題用紙であるか確認してください。
2．検定開始の合図があるまで問題用紙を開かないでください。
3．解答用紙に名前・受検番号・生年月日を書いてください。
4．この表紙の右下のらんに，名前・受検番号を書いてください。
5．答えはぜんぶ解答用紙に書いてください。
6．ものさしを使うことができます。電卓は使えません。
7．携帯電話は電源を切り，検定中に使わないでください。
8．検定が終わったら，この問題用紙を解答用紙といっしょに集めます。

下記の「個人情報の取扱い」についてご同意いただいたうえでご提出ください。

【このフォームでお預かりするすべての個人情報の取り扱いについて】

1．事業者の名称　公益財団法人日本数学検定協会
2．個人情報保護管理者の職名，所属および連絡先
管理者職名：個人情報保護管理者
所属部署：事務局　事務局次長　連絡先：03-5812-8340
3．個人情報の利用目的　受検者情報の管理，採点，本人確認のため。
4．個人情報の第三者への提供　団体窓口経由でお申込みの場合は，検定結果を通知するために，申し込み情報，氏名，受検階級，成績を，Webでのお知らせまたはFAX，送付，電子メール添付などにより，お申し込みもとの団体様に提供します。
5．個人情報取り扱いの委託　前項利用目的の範囲に限って個人情報を外部に委託することがあります。
6．個人情報の開示等の請求　ご本人様はご自身の個人情報の開示等に関して，下記の当協会お問い合わせ窓口に申し出ることができます。その際，当協会はご本人様を確認させていただいたうえで，合理的な対応を期間内にいたします。
【問い合わせ窓口】
公益財団法人日本数学検定協会　検定問い合わせ係
〒110-0005 東京都台東区上野 5-1-1 文昌堂ビル6階
TEL：03-5812-8340　電話問い合わせ時間 月～金 9:30-17:00
（祝日・年末年始・当協会の休業日を除く）
7．個人情報を提供されることの任意性について
ご本人様が当協会に個人情報を提供されるかどうかは任意によるものです。ただし正しい情報をいただけない場合，適切な対応ができない場合があります。

名前	
受検番号	－

第5回

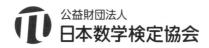

公益財団法人
日本数学検定協会

1 次の計算をしましょう。　（計算技能）

（1）　55＋89

（2）　150－97

（3）　491－36

（4）　518＋62－47

（5）　9×6

（6）　708×35

（7）　64÷8

（8）　93÷3

（9）　9.7－3.8

(10)　$\frac{2}{7}+\frac{4}{7}$

2 オレンジジュースが1L 5dL，リンゴジュースが3L 3dLあります。次の問題に答えましょう。

(11) オレンジジュースとリンゴジュースは，合わせて何L 何 dL ありますか。

(12) リンゴジュースを9dL 飲みました。のこったリンゴジュースは，オレンジジュースより何 dL 多いですか。

3 長方形について，次の問題に答えましょう。

(13)　Ⓐの長さは何cmですか。たんいをつけて答えましょう。

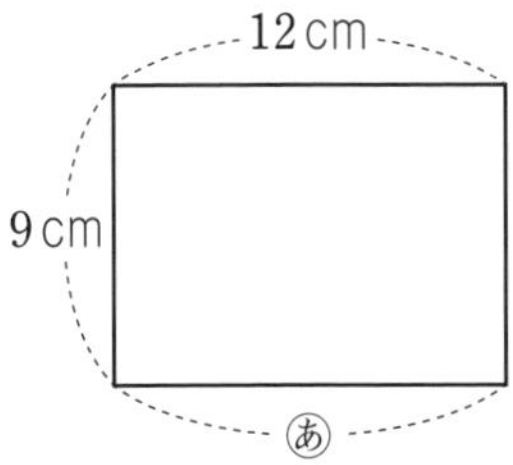

(14)　解答用紙の長方形を２つの直角三角形に分けます。ものさしを使って，直線を１本引きましょう。　　　　　　　　(作図技能)

4 校庭に子どもが６３人います。次の問題に答えましょう。

(15)　１列に７人ずつならぶと，何列できますか。

(16)　同じ人数ずつ３列にならぶと，１列は何人になりますか。

5 半径２cm の球について，次の問題に答えましょう。

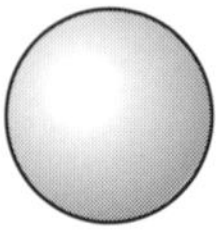

(17)　球の直径は何cm ですか。たんいをつけて答えましょう。

(18)　下の図のように，球はどこで切っても，切り口の形が円になります。

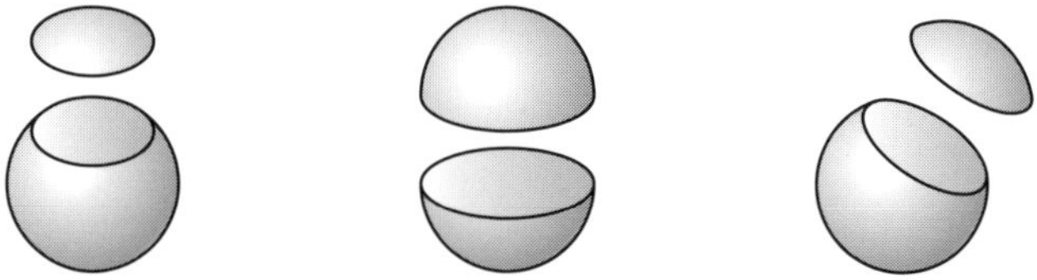

㋐から㋓までの図形は，同じ大きさの球をいろいろなところで切った切り口の形です。この中には，切るときに球の中心を通ったものがあります。球の中心を通るように切ったときの切り口の形はどれですか。㋐から㋓までの中から１つえらびましょう。

㋐　㋑　㋒　㋓

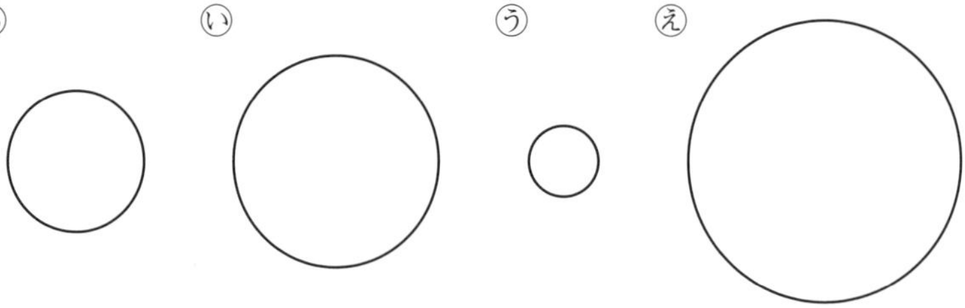

6 たいちさんの小学校では，日曜日のウサギ小屋のそうじは，当番を決めています。今月は，たいちさん，じゅりさん，あきさん，かれんさん，はるきさんの５人の中から，次のように当番を決めます。

- １人２回ずつ当番になる。
- １日に２人が当番になる。
- 同じ２人で２回当番になることはない。

下の表は，今月の当番表です。たとえば，たいちさんの当番の日は，２日と３０日の２回です。また，２日の当番はたいちさんとかれんさんの２人です。はるきさんは，当番表をよごしてしまいました。これについて，次の問題に答えましょう。　(整理技能)

	2日	9日	16日	23日	30日
たいちさん	○				○
じゅりさん			○	[illegible]	[illegible]
あきさん		○		○	[illegible]
かれんさん	○		[illegible]		[illegible]
はるきさん	[illegible]	[illegible]	[illegible]	[illegible]	[illegible]

(19)　16日の当番は，だれとだれですか。

(20)　はるきさんの当番の日は，何日と何日ですか。

算数検定　解答用紙　第5回　9級

1	(1)	
	(2)	
	(3)	
	(4)	
	(5)	
	(6)	
	(7)	
	(8)	
	(9)	
	(10)	

●答えを直すときは、消しゴムできれいに消してください。
●答えは、解答用紙にはっきりと書いてください。

ここにバーコードシールをはってください。

太わくの部分は必ず記入してください。

ふりがな			受検番号
姓	名		—
生年月日	大正・昭和・平成・西暦	年　月　日生	
性別（□をぬりつぶしてください）男□　女□		年齢	歳
住所	□□□-□□□□		／20

公益財団法人 日本数学検定協会

2	(11)	L　　　dL
	(12)	dL
3	(13)	
	(14)	□
4	(15)	列
	(16)	人
5	(17)	
	(18)	
6	(19)	さんと　　　さん
	(20)	日と　　　日

●この検定が実施された日時を書いてください。
日付：（　）年（　）月（　）日
時間：（　）時（　）分～（　）時（　）分

●時間のある人はアンケートにご協力ください。あてはまるものの□をぬりつぶしてください。

算数・数学は得意ですか。 はい □　いいえ □	検定時間はどうでしたか。 短い □　よい □　長い □	問題の内容はどうでしたか。 難しい □　ふつう □　易しい □

おもしろかった問題は何番ですか。 1 ～ 6 までの中から2つまで選び，ぬりつぶしてください。

1　2　3　4　5　6　（よい例 ■　悪い例 ☑）

監督官から「この検定問題は，本日開封されました」という宣言を聞きましたか。
（ はい □　いいえ □ ）

検定をしているとき，監督官はずっといましたか。（ はい □　いいえ □ ）

第5回

Memo

9級

さんすうけんてい
算数検定
実用数学技能検定®
［文部科学省後援］

第6回 〔検定時間〕40分

検定上の注意

1. 自分が受検する階級の問題用紙であるか確認してください。
2. 検定開始の合図があるまで問題用紙を開かないでください。
3. 解答用紙に名前・受検番号・生年月日を書いてください。
4. この表紙の右下のらんに，名前・受検番号を書いてください。
5. 答えはぜんぶ解答用紙に書いてください。
6. ものさしを使うことができます。電卓は使えません。
7. 携帯電話は電源を切り，検定中に使わないでください。
8. 検定が終わったら，この問題用紙を解答用紙といっしょに集めます。

下記の「個人情報の取扱い」についてご同意いただいたうえでご提出ください。

【このフォームでお預かりするすべての個人情報の取り扱いについて】

1. 事業者の名称　公益財団法人日本数学検定協会
2. 個人情報保護管理者の職名，所属および連絡先
   管理者職名：個人情報保護管理者
   所属部署：事務局　事務局次長　連絡先：03-5812-8340
3. 個人情報の利用目的　受検者情報の管理，採点，本人確認のため。
4. 個人情報の第三者への提供　団体窓口経由でお申込みの場合は，検定結果を通知するために，申し込み情報，氏名，受検階級，成績を，Webでのお知らせまたはFAX，送付，電子メール添付などにより，お申し込みもとの団体様に提供します。
5. 個人情報取り扱いの委託　前項利用目的の範囲に限って個人情報を外部に委託することがあります。
6. 個人情報の開示等の請求　ご本人様はご自身の個人情報の開示等に関して，下記の当協会お問い合わせ窓口に申し出ることができます。その際，当協会はご本人様を確認させていただいたうえで，合理的な対応を期間内にいたします。
   【問い合わせ窓口】
   公益財団法人日本数学検定協会　検定問い合わせ係
   〒110-0005 東京都台東区上野 5-1-1 文昌堂ビル 6 階
   TEL：03-5812-8340　電話問い合わせ時間 月～金 9:30-17:00
   （祝日・年末年始・当協会の休業日を除く）
7. 個人情報を提供されることの任意性について
   ご本人様が当協会に個人情報を提供されるかどうかは任意によるものです。ただし正しい情報をいただけない場合，適切な対応ができない場合があります。

名前	
受検番号	－

公益財団法人
日本数学検定協会

1 次の計算をしましょう。 (計算技能)

（1） 67＋93

（2） 141－85

（3） 780－56

（4） 871－56＋28

（5） 8×8

（6） 537×64

（7） 56÷7

（8） 36÷3

（9） 5.3＋2.9

（10） $\frac{7}{9}-\frac{5}{9}$

2 色紙(いろがみ)が何(なん)まいかありました。ゆきなさんが12まい使(つか)ったところ，のこりが48まいになりました。次(つぎ)の問題(もんだい)に答(こた)えましょう。

(11) 色紙ははじめに何まいありましたか。

(12) のこりの48まいから，あやかさんが何まいか使ったところ，色紙は29まいになりました。あやかさんが使った色紙は何まいですか。

3 ひご(ぼう)とねん土玉を使って，箱の形を作ります。右の図のように，とちゅうまで作ったところで，ひごとねん土玉がたりなくなりました。次の問題に答えましょう。

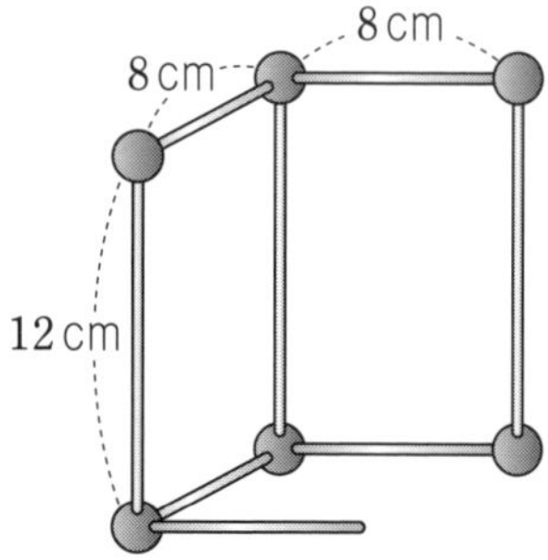

(13) ねん土玉は，あと何こいりますか。

(14) 8cmのひごは，あと何本いりますか。

4 ひろきさんは，クラスの人のいちばんすきな教科を調べて，下のぼうグラフにまとめています。次の問題に答えましょう。　(統計技能)

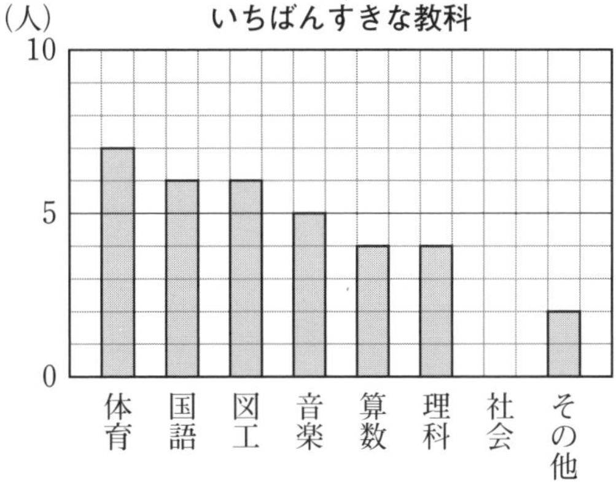

(15)　音楽と答えた人は何人ですか。

(16)　社会と答えた人は３人です。社会と答えた人数を，解答用紙のグラフに表しましょう。

5 右の図のように，点ウを中心とする直径10cmの円の中に，点イを中心とする直径4cmの円と，点エを中心とする円がぴったり入っています。直線アオが3つの円の中心を通るとき，次の問題にたんいをつけて答えましょう。

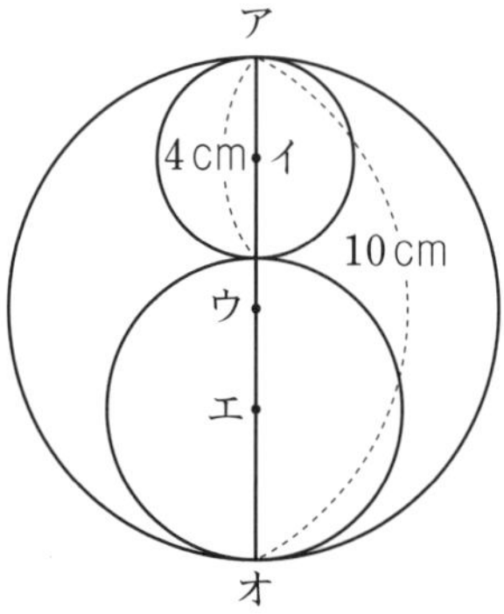

(17) 点ウを中心とする円の半径は何cmですか。

(18) 点エを中心とする円の半径は何cmですか。

6 図１のような，１辺の長さが１cm，２cm，３cmの正方形のタイルが，それぞれたくさんあります。これらのタイルをすきまなくしきつめて，長方形をつくります。次の問題に答えましょう。　　（整理技能）

図１

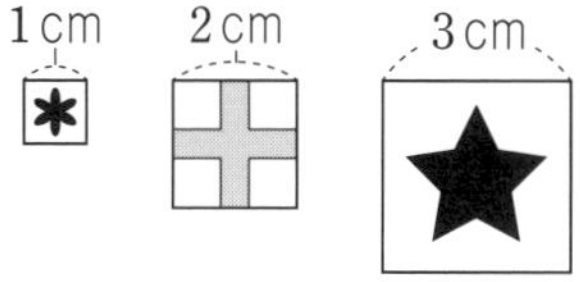

(19)　図２のような長方形をつくりました。㋐と㋑の長さは，それぞれ何cmですか。

図２

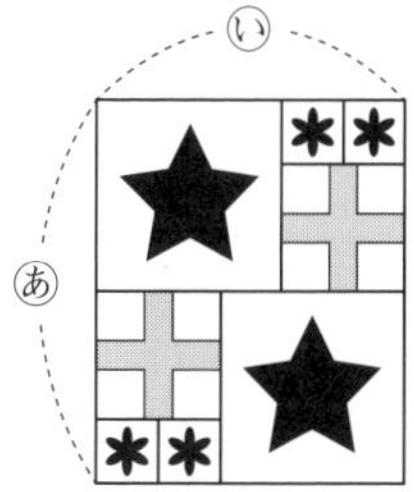

(20)　図１の３しゅるいのタイルを全部使って図３の長方形をつくります。使うタイルの数の合計をできるだけ少なくするとき，３しゅるいのタイルをそれぞれ何まい使いますか。

図３

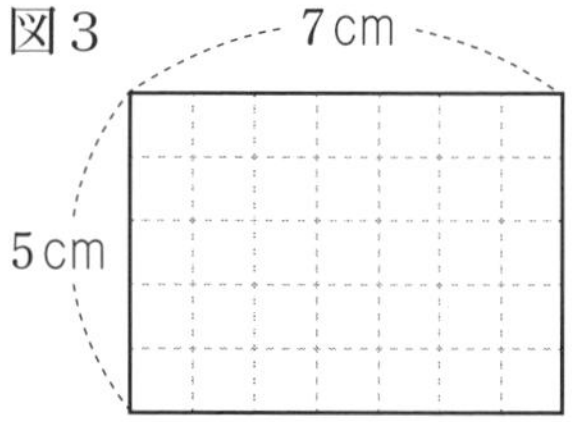

算数検定 解答用紙 第 6 回 9級

1	(1)	
	(2)	
	(3)	
	(4)	
	(5)	
	(6)	
	(7)	
	(8)	
	(9)	
	(10)	

●答えを直すときは、消しゴムできれいに消してください。
●答えは、解答用紙にはっきりと書いてください。

太わくの部分は必ず記入してください。

ここにバーコードシールをはってください。

ふりがな		受検番号
姓	名	—
生年月日	大正 昭和 平成 西暦　年　月　日生	
性別（□をぬりつぶしてください）男□ 女□		年齢　歳
住所	□□□-□□□□	／20

公益財団法人 日本数学検定協会

2	(11)	まい
	(12)	まい
3	(13)	こ
	(14)	本
4	(15)	人
	(16)	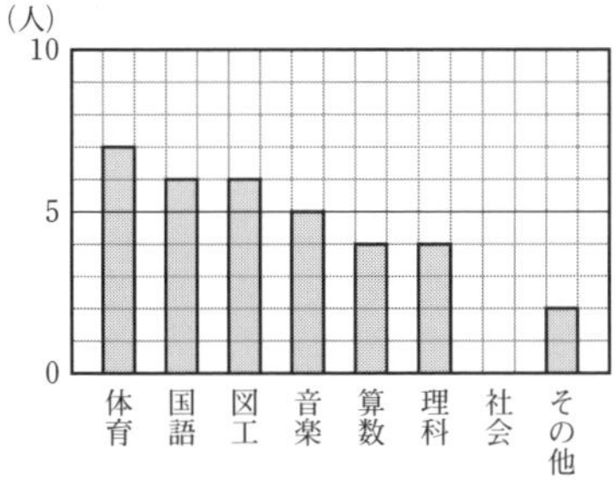
5	(17)	
	(18)	
6	(19)	㋐ cm ㋑ cm
	(20)	✱ まい ⊞ まい ★ まい

●この検定が実施された日時を書いてください。
日付：（　）年（　）月（　）日
時間：（　）時（　）分～（　）時（　）分

第6回

●時間のある人はアンケートにご協力ください。あてはまるものの□をぬりつぶしてください。

算数・数学は得意ですか。 はい □ いいえ □	検定時間はどうでしたか。 短い □ よい □ 長い □	問題の内容はどうでしたか。 難しい □ ふつう □ 易しい □

おもしろかった問題は何番ですか。 1 ～ 6 までの中から2つまで選び，ぬりつぶしてください。

1　2　3　4　5　6　　（よい例 ■ 悪い例 ☑ ）

監督官から「この検定問題は，本日開封されました」という宣言を聞きましたか。
（ はい □ いいえ □ ）

検定をしているとき，監督官はずっといましたか。 （ はい □ いいえ □ ）

◉執筆協力：株式会社 シナップス
◉DTP：株式会社 千里
◉装丁デザイン：星 光信（Xing Design）
◉装丁イラスト：たじま なおと

◉編集担当：粕川 真紀・阿部 加奈子

実用数学技能検定　過去問題集　算数検定９級

2021年4月30日　初　版発行
2024年2月12日　第4刷発行

編　者	公益財団法人 日本数学検定協会
発行者	髙田 忍
発行所	公益財団法人 日本数学検定協会 〒110-0005 東京都台東区上野五丁目1番1号 FAX 03-5812-8346 https://www.su-gaku.net/
発売所	丸善出版株式会社 〒101-0051 東京都千代田区神田神保町二丁目17番 TEL 03-3512-3256　FAX 03-3512-3270 https://www.maruzen-publishing.co.jp/
印刷・製本	倉敷印刷株式会社

ISBN978-4-901647-96-0　C0041

©The Mathematics Certification Institute of Japan 2021 Printed in Japan

＊落丁・乱丁本はお取り替えいたします。
＊本書の内容の全部または一部を無断で複写複製（コピー）することは著作権法上での例外を除き、禁じられています。
＊本の内容についてお気づきの点は、書名を明記の上、公益財団法人日本数学検定協会宛に郵送・FAX(03-5812-8346)いただくか、当協会ホームページの「お問合せ」をご利用ください。電話での質問はお受けできません。また、正誤以外の詳細な解説指導や質問対応は行っておりません。

算数検定

実用数学技能検定® 数検

過去問題集 9級

〈別冊〉

解答と解説

※本体からとりはずすこともできます。

9

公益財団法人 日本数学検定協会

9級　第1回　実用数学技能検定　P.10~P.15

1

(1)　ひっ算で計算します。

$$\begin{array}{r} {}^{1}\ \ \\ 4\,5 \\ +\ 6\,8 \\ \hline 1\,1\,3 \end{array}$$

5＋8＝13
十の位に1くり上げる

1＋4＋6＝11

答え　113

(2)　ひっ算で計算します。

$$\begin{array}{r} {}^{9}\ \ \\ \not{1}\,\not{0}\,5 \\ -\ \ 6\,6 \\ \hline 3\,9 \end{array}$$

十の位から1くり下げて
15－6＝9

9－6＝3

答え　39

(3)　ひっ算で計算します。

$$\begin{array}{r} {}^{7}\ \ \\ 7\,\not{8}\,0 \\ -\ \ 5\,3 \\ \hline 7\,2\,7 \end{array}$$

十の位から1くり下げて
10－3＝7

7をそのままおろす

7－5＝2

答え　727

(4)　前からじゅんに計算します。

504＋86－49

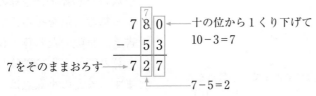

❶504＋86＝590
❷590－49＝541

504＋86－49＝541

❶をひっ算で計算すると

$$\begin{array}{r} {}^{1}\ \ \ \\ 5\,0\,4 \\ +\ \ 8\,6 \\ \hline 5\,9\,0 \end{array}$$

❷をひっ算で計算すると

$$\begin{array}{r} {}^{8}\ \ \\ 5\,\not{9}\,0 \\ -\ \ 4\,9 \\ \hline 5\,4\,1 \end{array}$$

答え　541

(5) 9のだんの九九を使って，九七(くしち)63ともとめます。

答え 63

(6) ひっ算で計算します。

$$\begin{array}{r} 427 \\ \times \quad 58 \\ \hline 3416 \\ 2135 \\ \hline 24766 \end{array}$$

3416 ←427×8

2135 ←427×5

答え 24766

(7) 6のだんの九九を使います。
6に何をかけると42になるかを考えます。

42÷6=7

答え 7

(8) 88を，80と8に分けてわり算します。

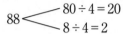

88 < 80÷4=20, 8÷4=2　　20と 2 をたして22

答え 22

(9) ひっ算で計算します。

$$\begin{array}{r} {}^{1}3.2 \\ +\ 5.9 \\ \hline 9.1 \end{array}$$

3.2, +5.9 ←位をそろえて書く

9.1 ←上の小数点にそろえて，小数点をうつ

答え 9.1

小数のたし算・ひき算のひっ算は，位をそろえて書き，整数のたし算・ひき算と同じように計算します。答えの小数点は，上の小数点にそろえてうちます。

(10) $\frac{6}{7}-\frac{2}{7}=\frac{4}{7}$

答え $\frac{4}{7}$

分母が同じ分数のたし算・ひき算は，分母はそのままにして，分子どうしをたし算，ひき算します。

2

⑾　スパゲッティの○の数を数えると，８こです。
スパゲッテイがすきな人は８人です。

答え　8人

⑿　ハンバーグの○の数と，カレーライスの○の数のちがいは３こです。
ハンバーグがすきな人は，カレーライスがすきな人より３人少ないです。

答え　3人

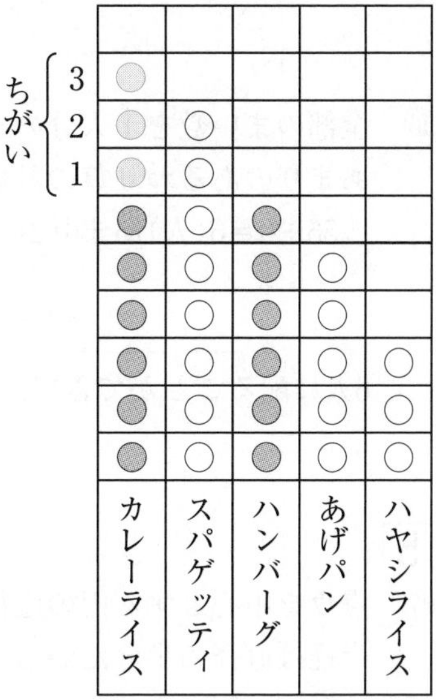

別の解き方

カレーライスがすきな人の人数９人から，ハンバーグがすきな人の人数６人をひきます。

9−6=3(人)

3

⒀　•のところがちょう点です。
ちょう点は８つあります。

答え　8つ

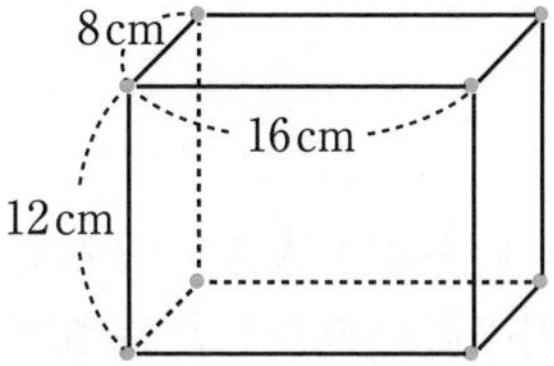

⒁　○のしるしがついた辺の長さは，全部等しいです。
㋐の長さは12cmです。

答え　12cm

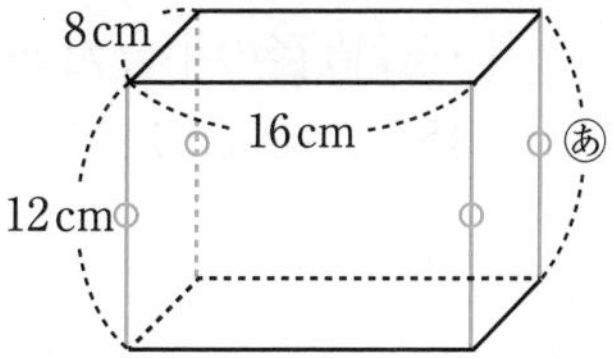

4

(15) 1ふくろに入っている色紙のまい数にふくろの数をかけます。

14×4＝56(まい)

```
  1 4
×   4
-----
  5 6
```

式　14×4＝56

答え　56まい

(16) 全部のまい数を1人分のまい数でわります。

あまりのあるわり算の計算です。

56÷9＝6(人)あまり2(まい)

あまりがわる数より小さいことをかくにんします。

6人に配ることができて，2まいあまります。

答え　人数　6人，あまり　2まい

5

(17) 点ウを中心とする円の直径は6 cmです。

半径は直径の半分だから，

6÷2＝3(cm)

答え　3 cm

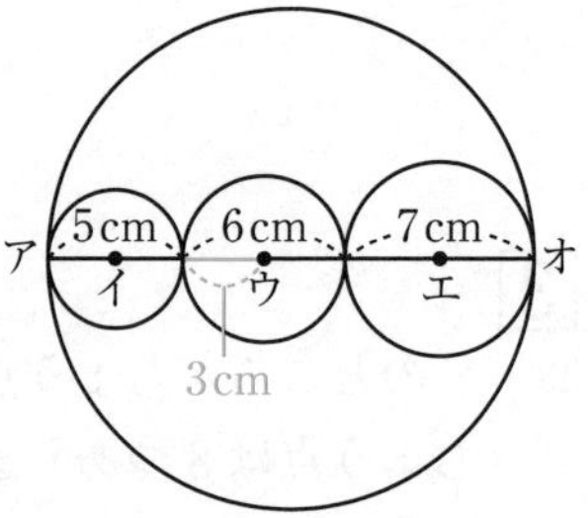

(18) いちばん大きい円の直径アオは，3つの小さい円の直径をたした長さだから，

5＋6＋7＝18(cm)

半径は直径の半分だから，

18÷2＝9(cm)

答え　9 cm

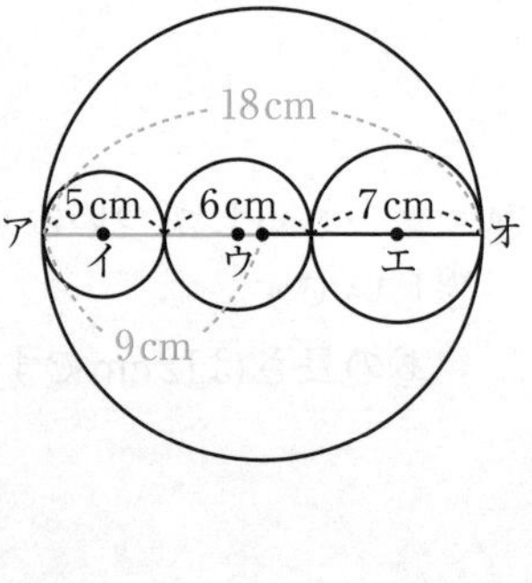

6

⑲ てんびんがつり合っているとき，左と右は同じ重さです。

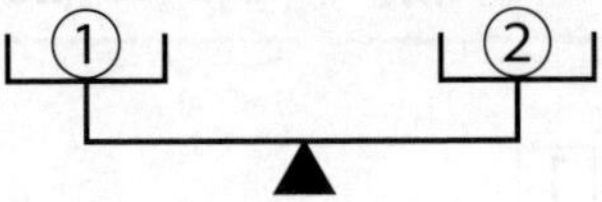

てんびんはつり合っているので，①と②の玉は同じ重さです。

①と②が同じ重さなので，重さがちがう玉は③か④のどちらかです。

答え　3と4

⑳ てんびんは重いほうにかたむきます。

てんびんは，③のほうにかたむいているので，③の玉は①の玉より重いです。

・重さがちがう玉は1つである。
・重さがちがう玉は③か④のどちらかである。

これらのことがわかっているので，①より重い③が，重さのちがう玉です。

答え　3

9級　第２回　実用数学技能検定

P.20〜P.25

1

(1)　ひっ算で計算します。

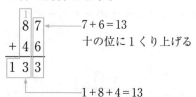

```
   1
  8 7   ← 7+6=13
+ 4 6      十の位に1くり上げる
------
1 3 3
```

↑ 1+8+4=13

答え　133

(2)　ひっ算で計算します。

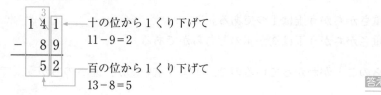

```
   3
 1 4 1  ← 十の位から1くり下げて
            11−9=2
−   8 9
--------
    5 2    百の位から1くり下げて
            13−8=5
```

答え　52

(3)　ひっ算で計算します。

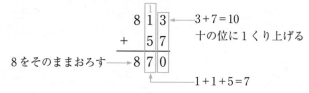

```
     1
   8 1 3  ← 3+7=10
                十の位に1くり上げる
+    5 7
---------
8をそのままおろす → 8 7 0
```

↑ 1+1+5=7

答え　870

(4)　前からじゅんに計算します。

791−86+57（❶ 791−86，❷ ❶+57）

❶791−86=705

❷705+57=762

791−86+57=762

❶をひっ算で計算すると

```
   8
 7 9 1
−   8 6
--------
 7 0 5
```

❷をひっ算で計算すると

```
   1
 7 0 5
+   5 7
--------
 7 6 2
```

答え　762

(5)　7のだんの九九を使って，七八（しちは）56ともとめます。

答え　56

(6)　ひっ算で計算します。

```
      4 3 7
  ×     5 3
  ---------
    1 3 1 1  ←437×3
  2 1 8 5    ←437×5
  ---------
  2 3 1 6 1
```

答え　23161

(7)　6のだんの九九を使います。

6に何をかけると48になるかを考えます。

48÷6＝8

答え　8

(8)　96を，90と6に分けてわり算します。

96 ＜ 90÷3＝30 / 6÷3＝2　　30と2をたして32

答え　32

(9)　ひっ算で計算します。

```
    7
    8．1
  − 4．5   ←位をそろえて書く
  -------
    3．6
    ↑上の小数点にそろえて，小数点をうつ
```

答え　3.6

小数のたし算・ひき算のひっ算は，位をそろえて書き，整数のたし算・ひき算と同じように計算します。答えの小数点は，上の小数点にそろえてうちます。

(10)　$\frac{1}{9}+\frac{7}{9}=\frac{8}{9}$

答え　$\frac{8}{9}$

分母が同じ分数のたし算・ひき算は，分母はそのままにして，分子どうしをたし算，ひき算します。

2

⑾ きのう飲んだジュースのかさ１L２dLと，今日飲んだジュースのかさ５dLをたします。同じたんいどうしをたします。

１L２dL＋５dL＝１L７dL

答え　１L７dL

⑿ ジュースのかさを，dLのたんいだけで表します。

１L＝10dLなので，はじめにあったジュースは２L３dL＝23dL，きのうと今日飲んだジュースは1L７dLなので１L７dL＝17dLです。

はじめにあったジュースのかさから，きのうと今日飲んだジュースのかさをひきます。

23dL－17dL＝６dL

答え　６dL

１L＝10dL

3

⒀ 正方形は，４つの角がみんな直角で，４つの辺の長さがみんな同じ四角形です。

正方形はⓤです。

答え　ⓤ

⒁ 長方形は，４つの角がみんな直角で，向かい合っている辺の長さが同じ四角形です。

長方形について，あてはまるものは①と③です。

答え　①と③

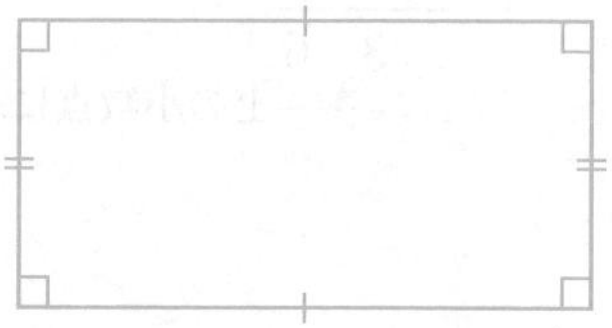

4

⒂ 全部の人数をもとめるので，かけ算を使います。

27×５＝135（人）

```
   ２７
×    ５
───────
 １３５
```
（くり上がり ３）

式　27×５＝135

答え　135人

⒃　クラスの人数を１きゃくの長いすにすわる人数でわります。あまりのあるわり算の計算です。

$27 \div 6 = 4$（きゃく）あまり３（人）

あまりがわる数より小さいことをかくにんします。

６人すわる長いすは４きゃくで，さい後の１きゃくに３人すわります。

答え　4きゃく，3人

5

⒄　点イを中心とする円の半径は４cmです。
直径は半径の２倍だから，

$4 \times 2 = 8$（cm）

答え　8 cm

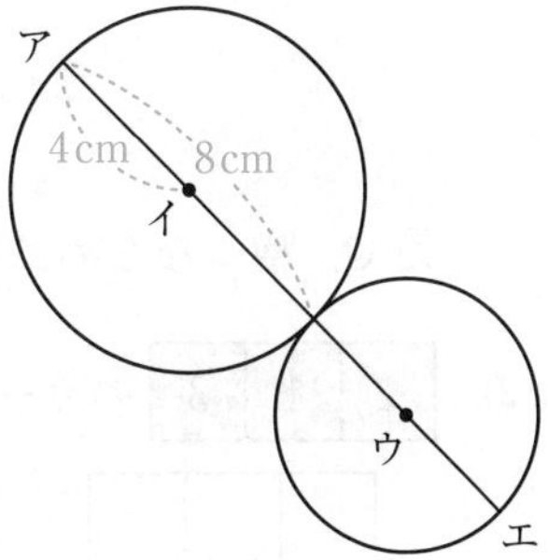

⒅　直線アエは，２つの円の直径をたした長さです。

点イを中心とする円の直径は，⒄より８cm，
点ウを中心とする円の直径は，

$3 \times 2 = 6$（cm）

２つの円の直径をたして，

$8 + 6 = 14$（cm）

答え　14 cm

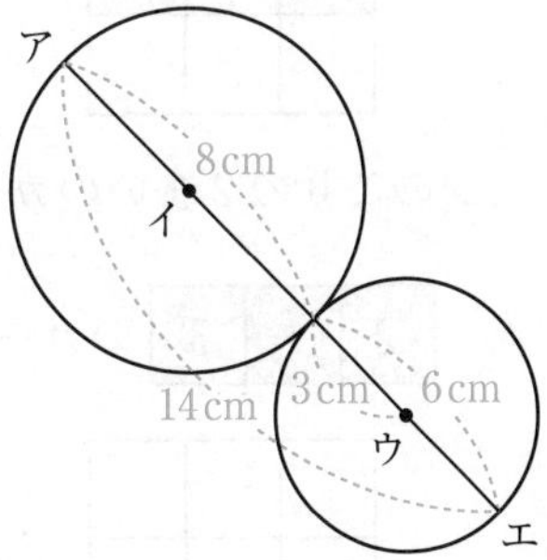

6

⒆　カードは回したりうら返したりできないので，右の３つの数が横にならんだカードに着目して，３つの数をたします。

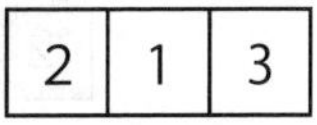

$2 + 1 + 3 = 6$

答え　6

⑳　⒆より，たて，横，ななめにならんだ３つの数の合計が６になるように，図１のます目の上にカードをおきます。３つの数が横にならんだ 2 1 3 のカードがおけるところは３か所なので，じゅん番に考えます。

①　2 1 3 のカードをいちばん上においたとき

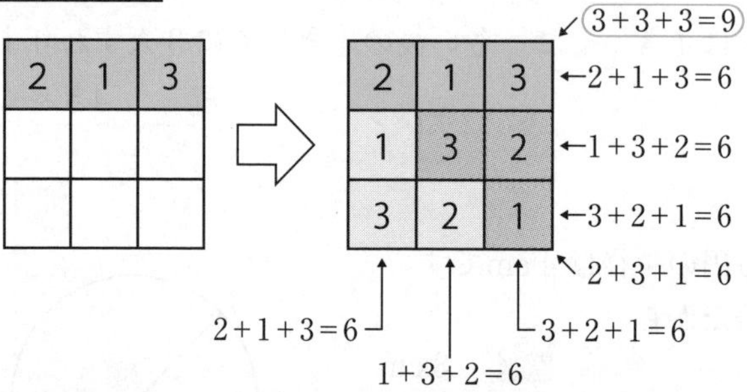

たて，横，ななめにならんだ３つの数の合計はすべて６になりません。

②　2 1 3 のカードを真ん中においたとき

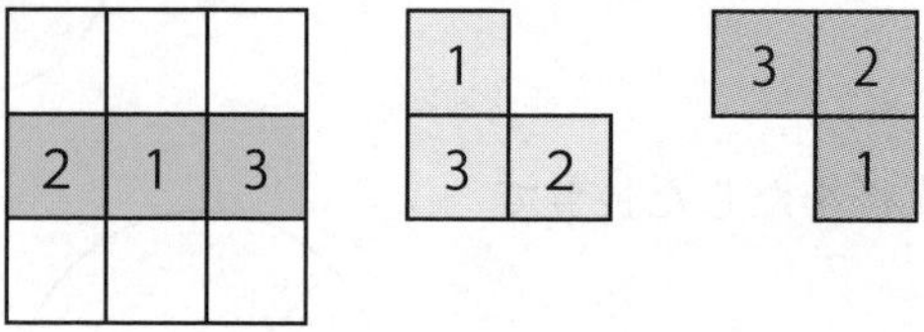

のこりの２まいのカードをおくことができません。

③　2 1 3 のカードをいちばん下においたとき

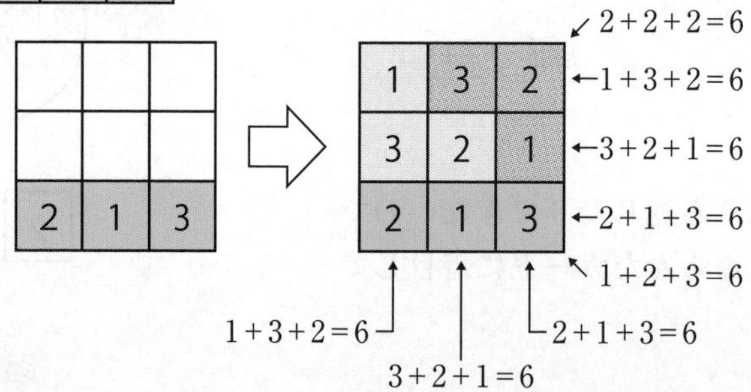

たて，横，ななめにならんだ３つの数の合計はすべて６になります。
よって，図１のアにあてはまる数は３です。

答え　３

9級　第3回　実用数学技能検定

P.30〜P.35

1

(1)　ひっ算で計算します。

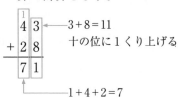

```
  1
  4 3  ←3+8=11
         十の位に1くり上げる
+ 2 8
─────
  7 1
  ↑
  1+4+2=7
```

答え　71

(2)　ひっ算で計算します。

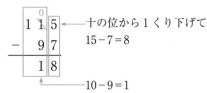

```
    0
  1 1 5  ←十の位から1くり下げて
           15−7=8
−   9 7
───────
    1 8
    ↑
    10−9=1
```

答え　18

(3)　ひっ算で計算します。

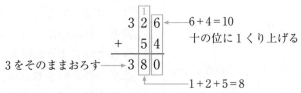

```
                      1
                    3 2 6  ←6+4=10
                             十の位に1くり上げる
                  +   5 4
                  ───────
3をそのままおろす→3 8 0
                      ↑
                      1+2+5=8
```

答え　380

(4)　前からじゅんに計算します。

$900-400+300$

❶ $900-400=500$

❷ $500+300=800$

$900-400+300=800$

答え　800

(5) 7のだんの九九を使って，七五(しちご)35ともとめます。

答え 35

(6) ひっ算で計算します。

$$\begin{array}{r} 42 \\ \times\ 16 \\ \hline 252 \\ 42 \\ \hline 672 \end{array}$$

252 ←42×6

42 ←42×1

答え 672

(7) 9のだんの九九を使います。
9に何をかけると54になるかを考えます。

54÷9＝6

答え 6

(8) 64を，60と4に分けてわり算します。

64 < 60÷2＝30, 4÷2＝2　　30と2をたして32

答え 32

(9) ひっ算で計算します。

$$\begin{array}{r} \overset{6}{\cancel{7}}.2 \\ -\ 6.8 \\ \hline 0.4 \end{array}$$

←位をそろえて書く

上の小数点にそろえて，小数点をうつ

答え 0.4

小数のたし算・ひき算のひっ算は，位をそろえて書き，整数のたし算・ひき算と同じように計算します。答えの小数点は，上の小数点にそろえてうちます。

(10) $\frac{5}{9}+\frac{2}{9}=\frac{7}{9}$

答え $\frac{7}{9}$

分母が同じ分数のたし算・ひき算は，分母はそのままにして，分子どうしをたし算，ひき算します。

2

⑾　○の数がいちばん多い月をさがします。

　生まれた人数がいちばん多い月は，８月です。

答え　８月

							○				
				○		○	○	○			
○				○		○	○	○	○		
○		○		○		○	○	○	○		○
○	○	○	○	○	○	○	○	○	○	○	○
1月	2月	3月	4月	5月	6月	7月	8月	9月	10月	11月	12月

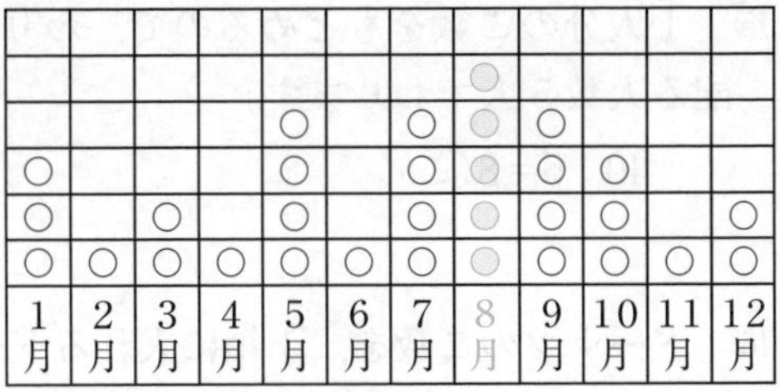

⑿　１月に生まれた人数は３人です。○が３つの月をさがします。

　生まれた人数が１月と同じ月は，10月です。

答え　10月

							○				
				○		○	○	○			
○				○		○	○	○	○		
○		○		○		○	○	○	○		○
○	○	○	○	○	○	○	○	○	○	○	○
1月	2月	3月	4月	5月	6月	7月	8月	9月	10月	11月	12月

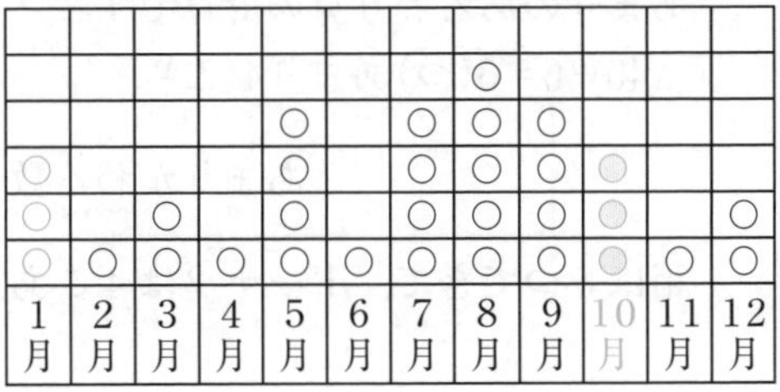

3

⒀　○のしるしがついた辺の長さは，全部等しいです。

　長さが３cmの辺は，４つです。

答え　４つ

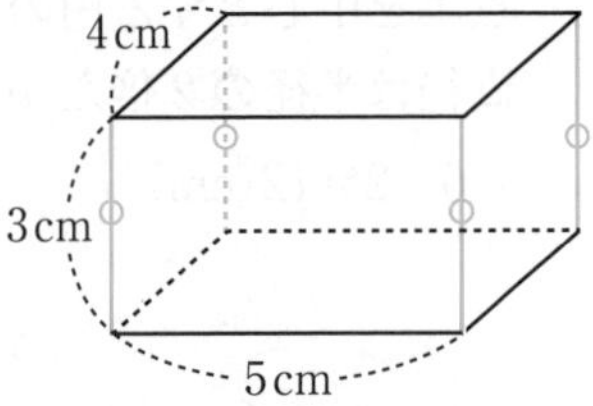

⒁　この箱の面には，㋑の形がありません。

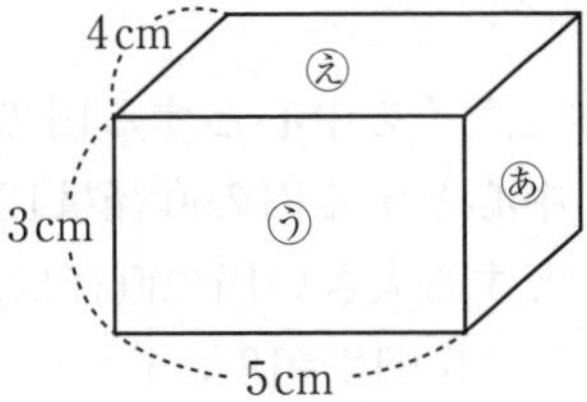

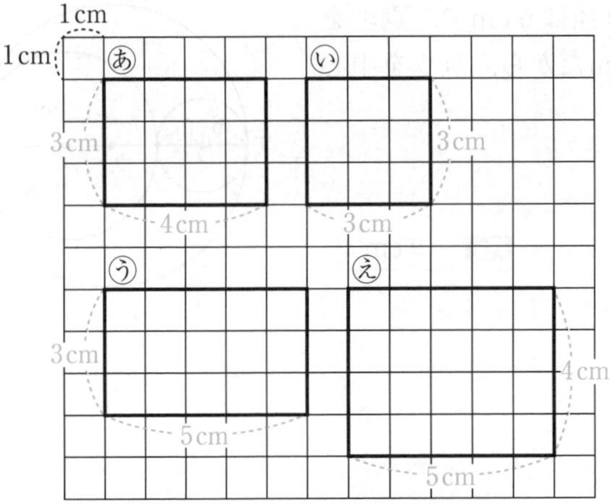

答え　㋑

4

⒂　1人分のこ数をもとめるので，わり算を使います。ドーナツのこ数40こを，配る人数5人でわります。

40÷5＝8(こ)

式　40÷5＝8

答え　8こ

⒃　ドーナツのこ数を，1箱に入れるドーナツのこ数でわります。

あまりのあるわり算の計算です。

40÷6＝6(つ)あまり4(こ)

あまりがわる数より小さいことをかくにんします。

箱は6つできて，ドーナツは4こあまります。

答え　箱　6つ，あまり　4こ

5

⒄　点エを中心とする円の半径は6cmです。

直径は半径の2倍だから，

6×2＝12(cm)

答え　12cm

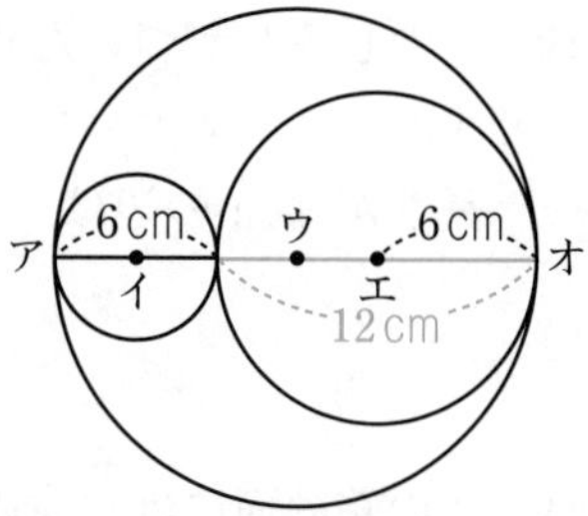

⒅　点イを中心とする円の直径は6cmで，点エを中心とする円の直径は12cmだから，点ウを中心とする大きい円の直径は，

6＋12＝18(cm)

半径は直径の半分だから，

18÷2＝9(cm)

答え　9cm

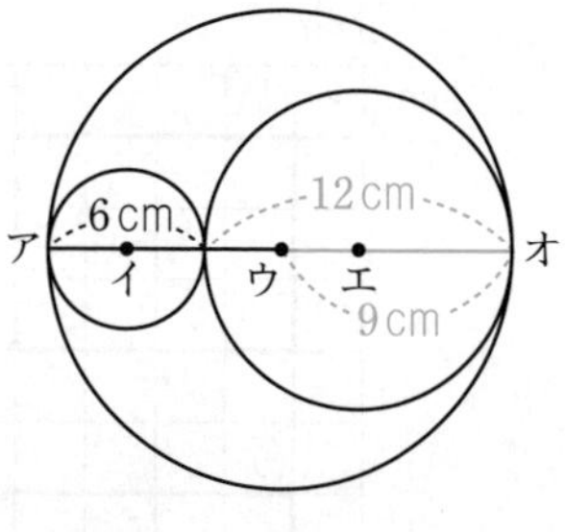

6

⒆　左右の皿に１こずつおもりをのせて，右の皿でさとう６gをはかりとるためには，左の皿にのせるおもりが右の皿にのせるおもりより６g重くなればよいです。

①　左の皿にのせるおもりを１gとするとき

右の皿にのせるおもりを３gとすると，左の皿より右の皿が重くなってしまいます。

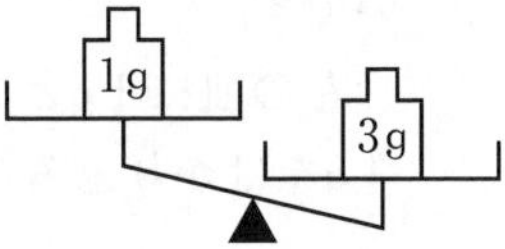

右の皿にのせるおもりを７gとしても，左の皿より右の皿が重くなってしまいます。

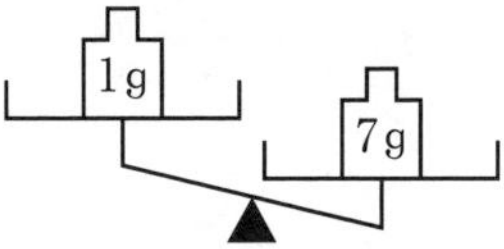

②　左の皿にのせるおもりを３gとするとき

右の皿にのせるおもりを１gとすると，左の皿は右の皿より２g重くなります。

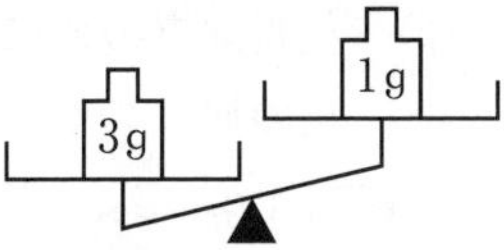

右の皿にのせるおもりを７gとすると，左の皿より右の皿が重くなってしまいます。

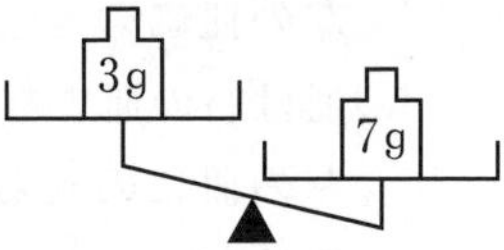

③　左の皿にのせるおもりを７gとするとき

右の皿にのせるおもりを１gとすると，左の皿は右の皿より６g重くなります。てんびんがつり合うようにさとうをのせれば，さとう６gをはかりとることができます。

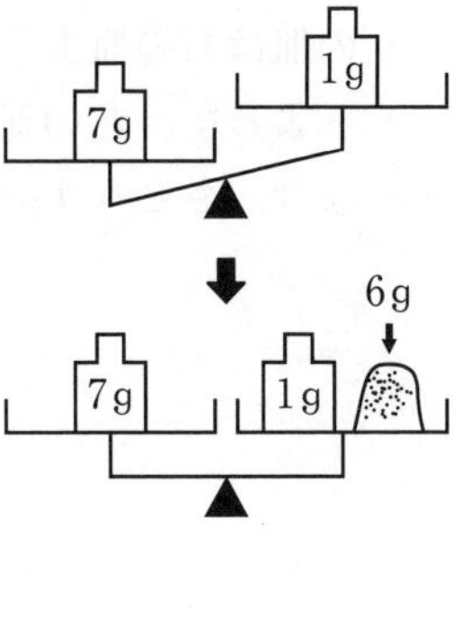

よって，左の皿にのせるおもりは，７gのおもりです。

答え　７g

⒇ さとう４gをはかりとるために，左右どちらかの皿におもりをのせる場合(①)と，左右両方の皿におもりをのせる場合(②)を考えます。

① 左の皿におもりをのせて，さとう４gをはかるとき

おもりの重さが合計４gとなるように１g，３g，７gの中からえらべばよいです。

左の皿に１gと３gのおもりをのせれば，合計の重さが４gとなり，さとう４gをはかりとることができます。

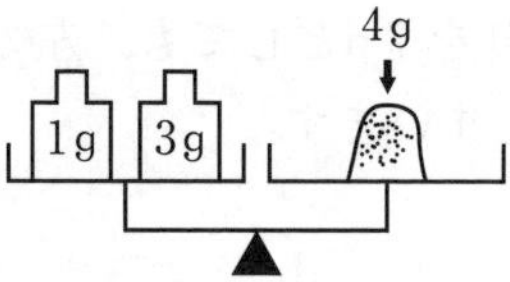

② 左右両方の皿におもりをのせて，さとう４gをはかるとき

左の皿にのせるおもりが，右の皿にのせるおもりよりも４g重くなるように，１g，３g，７gの中からえらべばよいです。

左の皿にのせるおもりを３g，右の皿にのせるおもりを１gとすると，左の皿は右の皿より２g重いです。

左の皿にのせるおもりを７g，右の皿にのせるおもりを１gとすると，左の皿は右の皿より６g重いです。

左の皿にのせるおもりを７g，右の皿にのせるおもりを３gとすると，左の皿は右の皿より４g重いです。

よって，左の皿に７g，右の皿に３gのおもりをのせれば，ちがいが４gとなり，さとう４gをはかりとることができます。

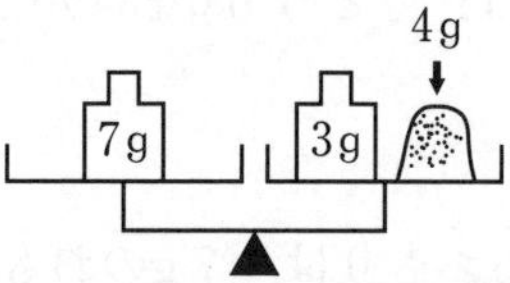

①②より，どちらののせ方でも使うことになるおもりは，３gのおもりです。

答え　３g

1

(1) ひっ算で計算します。

$$\begin{array}{rrr} & \overset{1}{3} & 7 \\ + & 6 & 8 \\ \hline 1 & 0 & 5 \end{array}$$

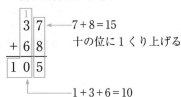

7＋8＝15
十の位に1くり上げる

1＋3＋6＝10

答え　105

(2) ひっ算で計算します。

$$\begin{array}{rrr} 1 & \overset{3}{\cancel{4}} & 1 \\ - & 8 & 4 \\ \hline & 5 & 7 \end{array}$$

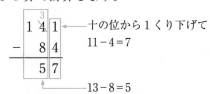

十の位から1くり下げて
11－4＝7

13－8＝5

答え　57

(3) ひっ算で計算します。

$$\begin{array}{rrr} 5 & \overset{1}{1} & 5 \\ + & 4 & 7 \\ \hline 5 & 6 & 2 \end{array}$$

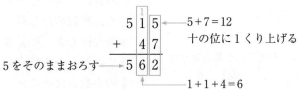

5＋7＝12
十の位に1くり上げる

5をそのままおろす

1＋1＋4＝6

答え　562

(4) 前からじゅんに計算します。

772－56＋18（❶ 772－56、❷ ❶の答え＋18）

❶772－56＝716
❷716＋18＝734

772－56＋18＝734

❶をひっ算で計算すると

$$\begin{array}{rrr} 7 & \overset{6}{\cancel{7}} & 2 \\ - & 5 & 6 \\ \hline 7 & 1 & 6 \end{array}$$

❷をひっ算で計算すると

$$\begin{array}{rrr} 7 & \overset{1}{1} & 6 \\ + & 1 & 8 \\ \hline 7 & 3 & 4 \end{array}$$

答え　734

(5)　8のだんの九九を使って，八七（はちしち）56ともとめます。

答え　56

(6)　ひっ算で計算します。

$$\begin{array}{r} 637 \\ \times\ \ 48 \\ \hline 5096 \\ 2548\ \ \\ \hline 30576 \end{array}$$

5096 ←637×8
2548 ←637×4

答え　30576

(7)　9のだんの九九を使います。
9に何をかけると63になるかを考えます。
63÷9＝7

答え　7

(8)　86を，80と6に分けてわり算します。

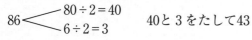

86＜ 80÷2＝40 / 6÷2＝3　　40と3をたして43

答え　43

(9)　ひっ算で計算します。

$$\begin{array}{r} \overset{1}{5}.3 \\ +\ 2.8 \\ \hline 8.1 \end{array}$$

位をそろえて書く
上の小数点にそろえて，小数点をうつ

答え　8.1

小数のたし算・ひき算のひっ算は，位をそろえて書き，整数のたし算・ひき算と同じように計算します。答えの小数点は，上の小数点にそろえてうちます。

(10)　$\frac{8}{9}-\frac{7}{9}=\frac{1}{9}$

答え　$\frac{1}{9}$

分母が同じ分数のたし算・ひき算は，分母はそのままにして，分子どうしをたし算，ひき算します。

2

⑾

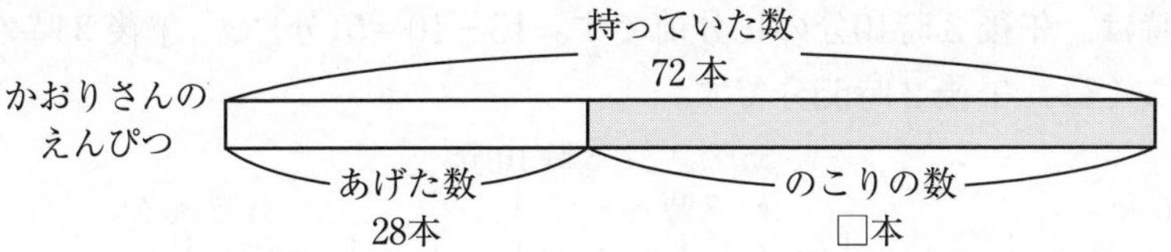

かおりさんが持っていた数72本から，あげた数28本をひきます。

72－28＝44(本)

答え　44本

⑿

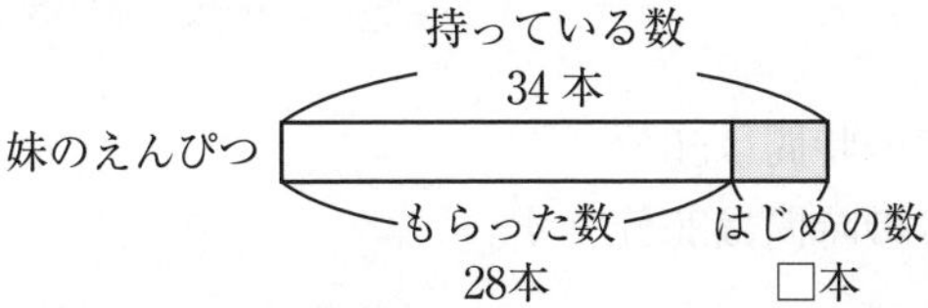

妹が持っている数34本から，もらった数28本をひきます。

34－28＝6(本)

式　34－28＝6

答え　6 本

3

⒀　色紙を右の図のようにならべて図２の正方形をつくります。色紙を４まい使います。

答え　4 まい

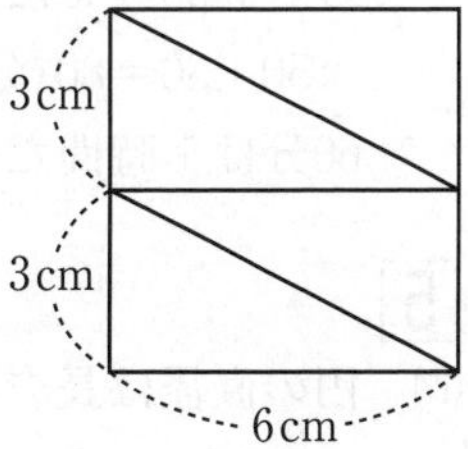

⒁　色紙を右の図のようにならべて図３の長方形をつくります。色紙を12まい使います。

答え　12まい

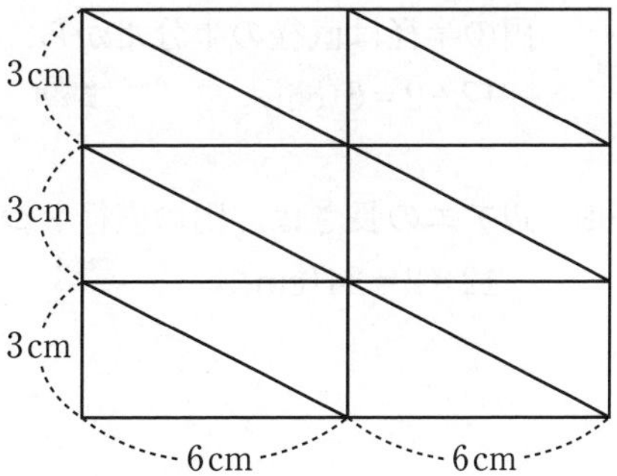

4

⒂　午後３時は，午後３時10分の10分前です。15－10＝5(分)で，午後３時の５分前の時こくは，午後２時55分です。

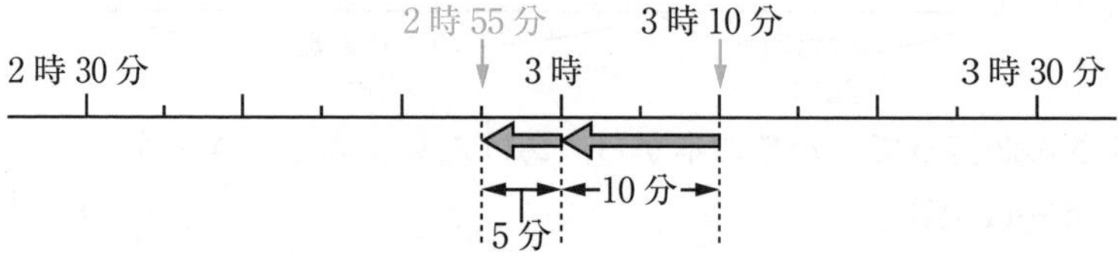

答え　午後２時55分

⒃　午後３時10分から午後４時までの時間は50分，
午後４時から午後４時30分までの時間は30分です。

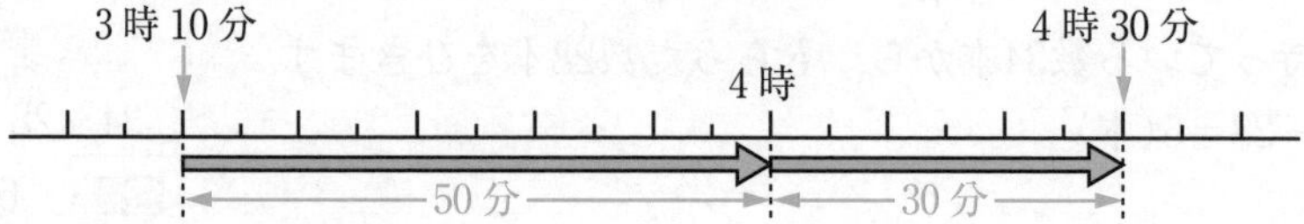

午後３時10分から午後４時までの時間50分と，午後４時から午後４時30分までの時間30分をたすと，

50＋30＝80(分)

60分は１時間だから，80分は１時間20分です。　答え　１時間20分

5

⒄　円の直径は長方形の辺アイと等しいから12cmです。

円の半径は直径の半分だから，

12÷2＝6(cm)　答え　6cm

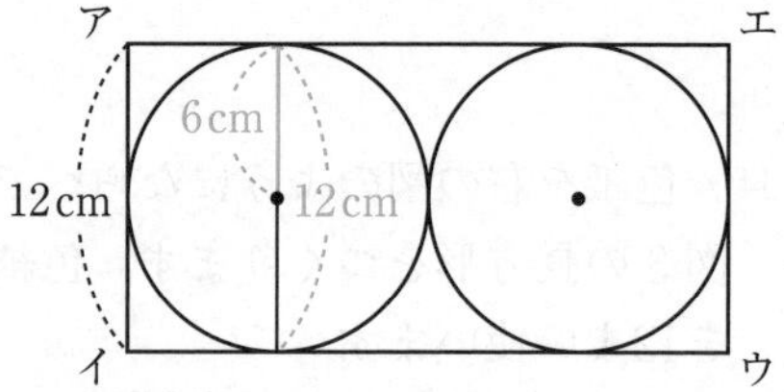

⒅　辺アエの長さは，円の直径２つ分だから，

12×2＝24(cm)　答え　24cm

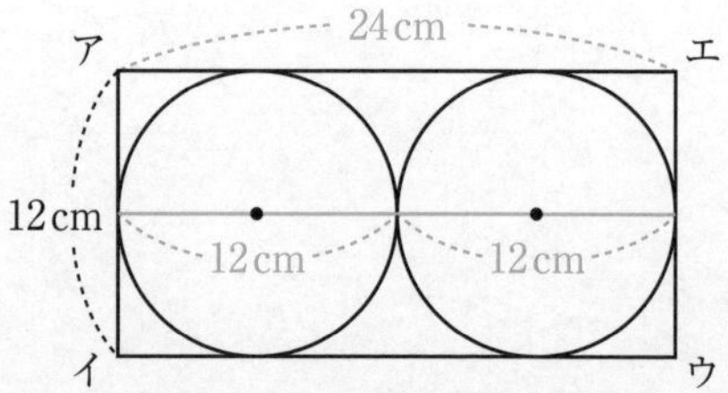

6

(19)

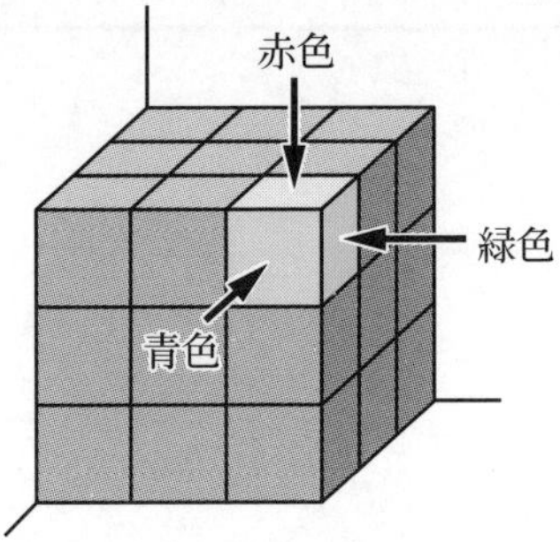

3色ともぬられているつみ木は1こです。

答え　1こ

(20) 上のだん，真ん中のだん，下のだんにわけて考えます。

〈上〉

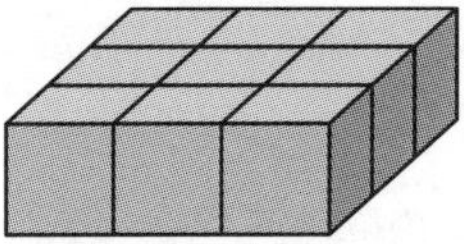

いちばん上のだんには，1色もぬられていないつみ木はありません。

〈真ん中〉　1色もぬられていない

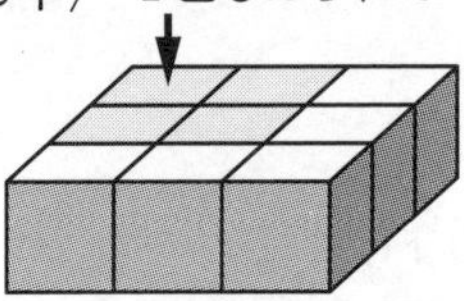

真ん中といちばん下のだんには，1色もぬられていないつみ木が4こずつあります。

1色もぬられていないつみ木の数は，

$4+4=8$(こ)

答え　8こ

〈下〉　1色もぬられていない

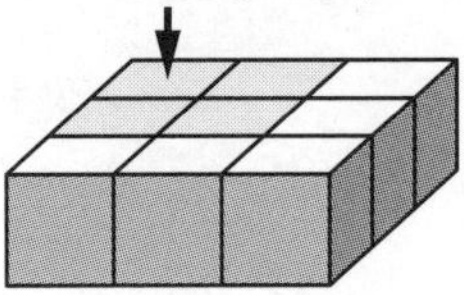

9級　第5回　実用数学技能検定　P.50〜P.55

1

(1)　ひっ算で計算します。

$$\begin{array}{r} {\scriptstyle 1} \\ 55 \\ +\ 89 \\ \hline 144 \end{array}$$

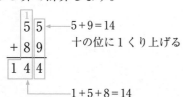

5＋9＝14
十の位に1くり上げる

1＋5＋8＝14

答え　144

(2)　ひっ算で計算します。

$$\begin{array}{r} {\scriptstyle 4} \\ 1\not{5}0 \\ -\ \ 97 \\ \hline 53 \end{array}$$

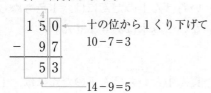

十の位から1くり下げて
10－7＝3

14－9＝5

答え　53

(3)　ひっ算で計算します。

$$\begin{array}{r} {\scriptstyle 8} \\ 4\not{9}1 \\ -\ \ 36 \\ \hline 455 \end{array}$$

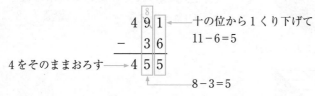

十の位から1くり下げて
11－6＝5

4をそのままおろす

8－3＝5

答え　455

(4)　前からじゅんに計算します。

518＋62－47

❶518＋62＝580
❷580－47＝533

518＋62－47＝533

❶をひっ算で計算すると

$$\begin{array}{r} {\scriptstyle 1} \\ 518 \\ +\ \ 62 \\ \hline 580 \end{array}$$

❷をひっ算で計算すると

$$\begin{array}{r} {\scriptstyle 7} \\ 5\not{8}0 \\ -\ \ 47 \\ \hline 533 \end{array}$$

答え　533

(5) 9のだんの九九を使って，九六(くろく)54ともとめます。

答え 54

(6) ひっ算で計算します。

$$\begin{array}{r} 708 \\ \times\ \ 35 \\ \hline 3540 \\ 2124\ \ \\ \hline 24780 \end{array}$$

3540 ←708×5
2124 ←708×3

答え 24780

(7) 8のだんの九九を使います。
8に何をかけると64になるかを考えます。

64÷8=8

答え 8

(8) 93を，90と3に分けてわり算します。

93 ＜ 90÷3=30 / 3÷3=1　30と1をたして31

答え 31

(9) ひっ算で計算します。

$$\begin{array}{r} \overset{8}{\not 9}.7 \\ -\ 3.8 \\ \hline 5.9 \end{array}$$

←位をそろえて書く

上の小数点にそろえて，小数点をうつ

答え 5.9

小数のたし算・ひき算のひっ算は，位をそろえて書き，整数のたし算・ひき算と同じように計算します。答えの小数点は，上の小数点にそろえてうちます。

(10) $\frac{2}{7}+\frac{4}{7}=\frac{6}{7}$

答え $\frac{6}{7}$

分母が同じ分数のたし算・ひき算は，分母はそのままにして，分子どうしをたし算，ひき算します。

2

⑾　オレンジジュースのかさ1L5dLとリンゴジュースのかさ3L3dLをたします。同じたんいどうしをたします。

1L5dL＋3L3dL＝4L8dL

答え　4L8dL

⑿　ジュースのかさを，dLのたんいだけで表します。

1L＝10dLなので，オレンジジュースは1L5dL＝15dL，リンゴジュースは3L3dL＝33dLです。

リンゴジュースを9dL飲んだので，のこったリンゴジュースのかさは，

33dL－9dL＝24dL

のこったリンゴジュースのかさからオレンジジュースのかさをひくと，

24dL－15dL＝9dL

答え　9dL

1L＝10dL

3

⒀　長方形は，向かい合っている辺の長さが同じなので，あの長さは12cmです。

答え　12cm

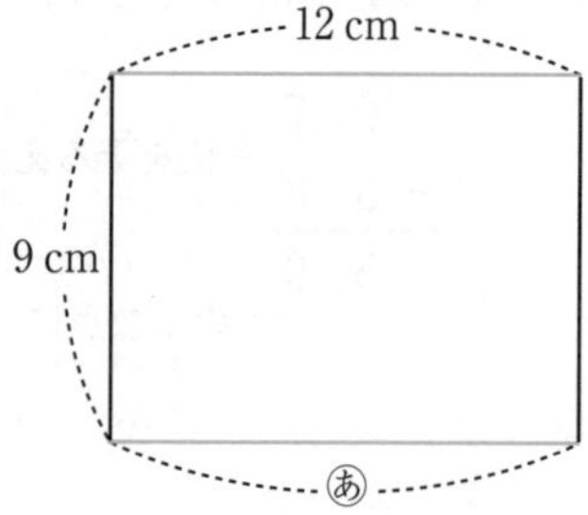

⒁　1つの角が直角になっている三角形が直角三角形です。下の図のどちらか1つをかけばよいです。

答え

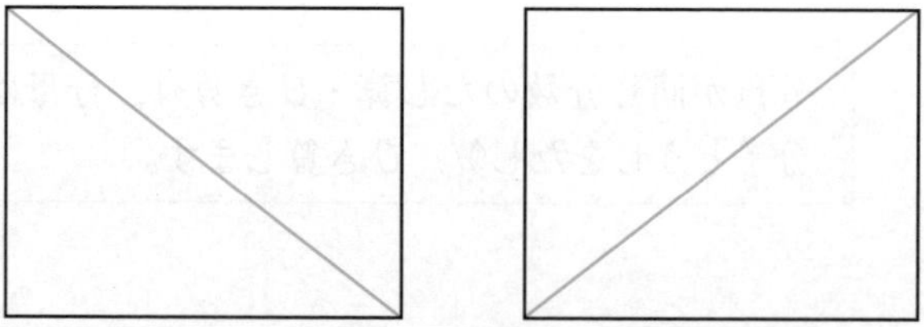

4

⒂　子どもの人数を１列にならぶ人数でわります。

63÷7＝9(列)

答え　9列

⒃　子どもの人数を列の数でわります。

63÷3＝21(人)

答え　21人

5

⒄　球の半径は２cmです。

球の直径は半径の２倍だから，

2×2＝4(cm)

答え　4 cm

⒅　球の中心を通るように切ったとき，切り口の円の直径は球の直径と同じ長さで，円がいちばん大きくなります。

いちばん大きい円であるㇾが，球の中心を通るように切ったときの切り口の形です。

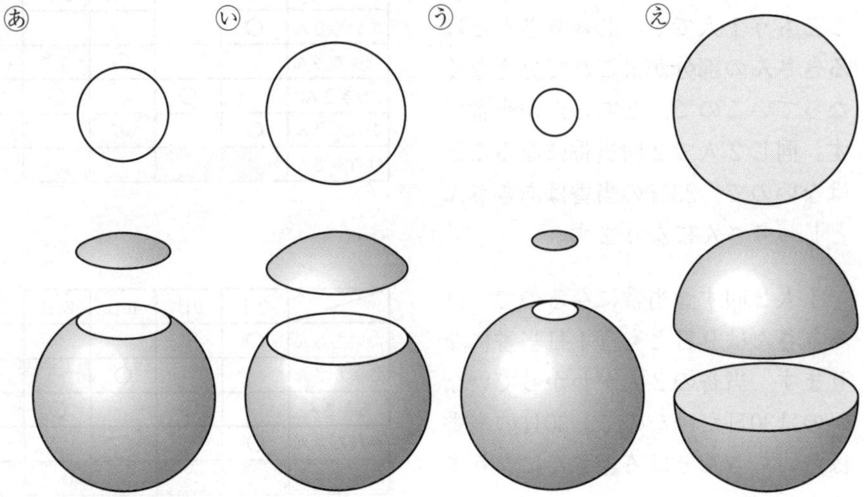

答え　え

6

⑲ 表の16日を見ます。１日に２人が当番になるので，16日の当番はじゅりさんと，もう１人です。表がよごれて見えなくなっているかれんさんが当番です。

	2日	9日	16日	23日	30日
たいちさん	○				○
じゅりさん			○		
あきさん		○		○	
かれんさん	○		(○)		
はるきさん					

答え　じゅりさん　と　かれんさん

⑳ 表の９日を見ます。１日に２人が当番になるので，９日の当番はあきさんと，もう１人です。表がよごれて見えなくなっているはるきさんが９日の当番です。

	2日	9日	16日	23日	30日
たいちさん	○				○
じゅりさん			○		
あきさん		○		○	
かれんさん	○		(○)		
はるきさん		(○)			

表の23日を見ます。当番はあきさんともう１人です。じゅりさんとはるきさんの部分がよごれて見えなくなっているので，どちらかが当番です。同じ２人で２回当番になることはないので，23日の当番はあきさんとじゅりさんになります。

	2日	9日	16日	23日	30日
たいちさん	○				○
じゅりさん			○	(○)	
あきさん		○		○	
かれんさん	○		(○)		
はるきさん		(○)			

１人２回ずつ当番になるので，はるきさんは９日ともう１日当番になります。当番の２人がわかっていないのは30日だけなので，30日の当番はたいちさんとはるきさんになります。

	2日	9日	16日	23日	30日
たいちさん	○				○
じゅりさん			○	(○)	
あきさん		○		○	
かれんさん	○		(○)		
はるきさん		(○)			(○)

したがって，はるきさんの当番の日は９日と30日です。

答え　９日と30日

9級　第6回　実用数学技能検定

P.60～P.65

1

(1) ひっ算で計算します。

$$\begin{array}{r} {}^{1} \\ 67 \\ +\ 93 \\ \hline 160 \end{array}$$

7＋3＝10
十の位に1くり上げる

1＋6＋9＝16

答え　160

(2) ひっ算で計算します。

$$\begin{array}{r} {}^{3} \\ 1\not{4}1 \\ -\ 85 \\ \hline 56 \end{array}$$

十の位から1くり下げて
11－5＝6

13－8＝5

答え　56

(3) ひっ算で計算します。

$$\begin{array}{r} {}^{7} \\ 7\not{8}0 \\ -\ 56 \\ \hline 724 \end{array}$$

十の位から1くり下げて
10－6＝4

7をそのままおろす

7－5＝2

答え　724

(4) 前からじゅんに計算します。

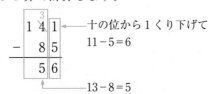

871－56＋28

❶871－56＝815
❷815＋28＝843

871－56＋28＝843

❶をひっ算で計算すると

$$\begin{array}{r} {}^{6} \\ 8\not{7}1 \\ -\ 56 \\ \hline 815 \end{array}$$

❷をひっ算で計算すると

$$\begin{array}{r} {}^{1} \\ 815 \\ +\ 28 \\ \hline 843 \end{array}$$

答え　843

(5)　8のだんの九九を使って，八八(はっぱ)64ともとめます。

答え　64

(6)　ひっ算で計算します。

```
      5 3 7
    ×   6 4
    -------
    2 1 4 8  ←537×4
  3 2 2 2    ←537×6
  ---------
  3 4 3 6 8
```

答え　34368

(7)　7のだんの九九を使います。
7に何をかけると56になるかを考えます。
$56 \div 7 = 8$

答え　8

(8)　36を，30と6に分けてわり算します。

36 ＜ $30 \div 3 = 10$ / $6 \div 3 = 2$　　10と2をたして12

答え　12

(9)　ひっ算で計算します。

```
    1
    5.3
  + 2.9  ←位をそろえて書く
  -----
    8.2
    ↑上の小数点にそろえて，小数点をうつ
```

答え　8.2

小数のたし算・ひき算のひっ算は，位をそろえて書き，整数のたし算・ひき算と同じように計算します。答えの小数点は，上の小数点にそろえてうちます。

(10)　$\frac{7}{9} - \frac{5}{9} = \frac{2}{9}$

答え　$\frac{2}{9}$

分母が同じ分数のたし算・ひき算は，分母はそのままにして，分子どうしをたし算，ひき算します。

2

⑾

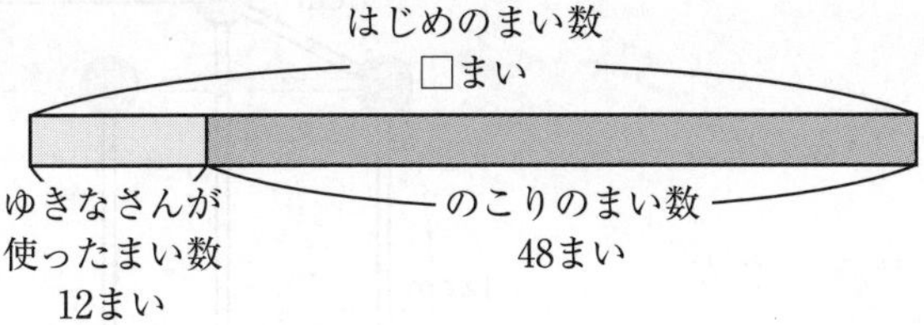

ゆきなさんが使ったまい数12まいと，のこりのまい数48まいをたします。

12＋48＝60(まい)

答え　60まい

⑿

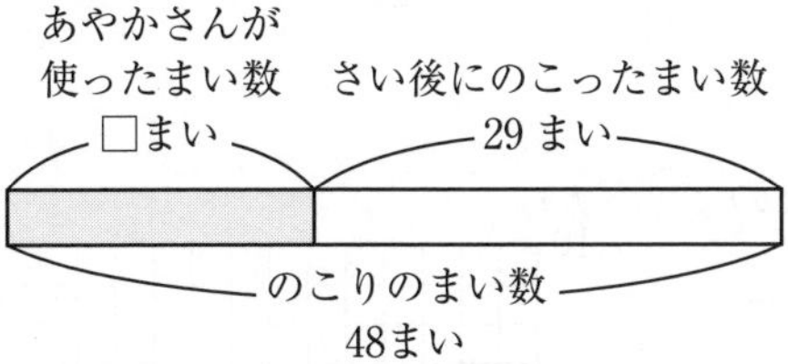

のこりのまい数から，さい後にのこったまい数をひきます。

48－29＝19(まい)

答え　19まい

3

⒀　箱の形をさい後までつくると，右の図のようになります。

箱の形のちょう点の数は８こです。

ねん土玉は６こ使っているので，

8－6＝2(こ)

あと２こいります。

答え　２こ

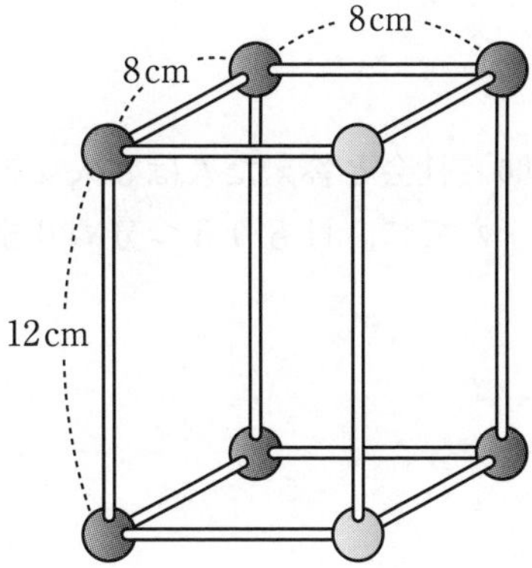

⑭ 箱の形の辺の数は，

8 cmの辺 … 8つ

12 cmの辺… 4つ

8 cmのひごは5本使っているので，

8－5＝3(本)

あと3本いります。　答え　3本

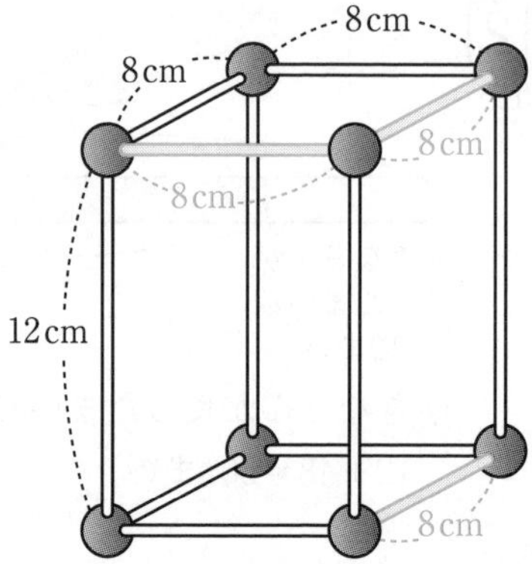

4

⑮ 音楽と答えた人は目もり5つ分なので，5人です。　答え　5人

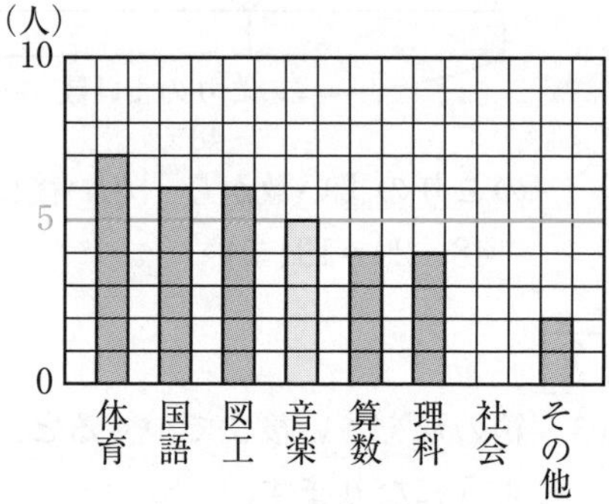

⑯ 社会と答えた人は3人なので，0からたてに，目もり3つ分ぬります。

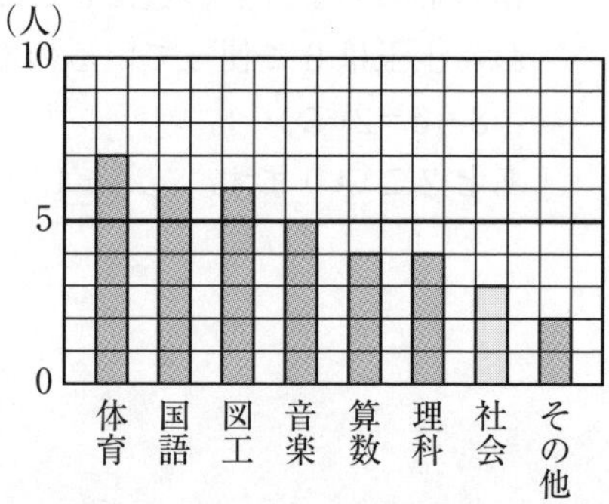

答え

5

(17) 点ウを中心とする円の直径は10 cmです。
円の半径は直径の半分なので,
$10 \div 2 = 5$(cm)　　答え　5 cm

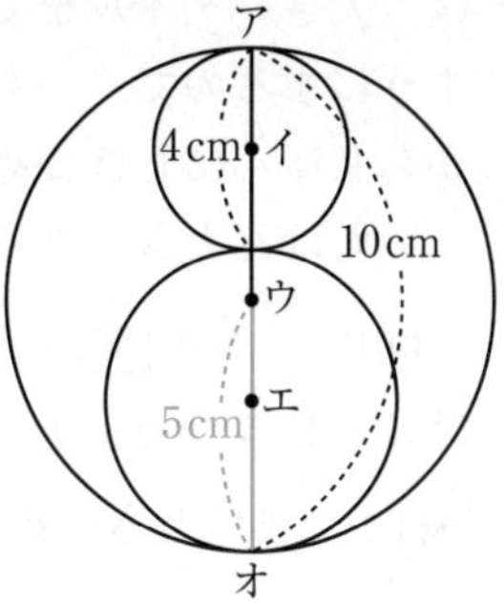

(18) 点エを中心とする円の直径は，点ウを中心とする円の直径から，点イを中心とする円の直径をひいて求めます。
$10 - 4 = 6$(cm)
円の半径は直径の半分なので,
$6 \div 2 = 3$(cm)　　答え　3 cm

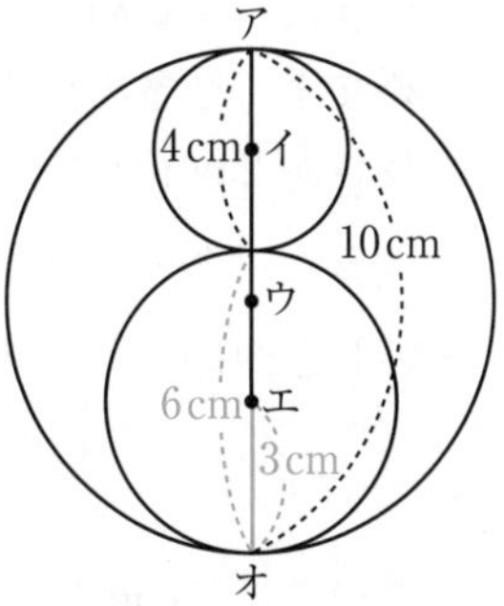

6

(19) 右の図より，図２の長方形のあの長さは,
$3 + 2 + 1 = 6$(cm)
いの長さは,
$3 + 1 + 1 = 5$(cm)
答え　あ　6 cm，い　5 cm

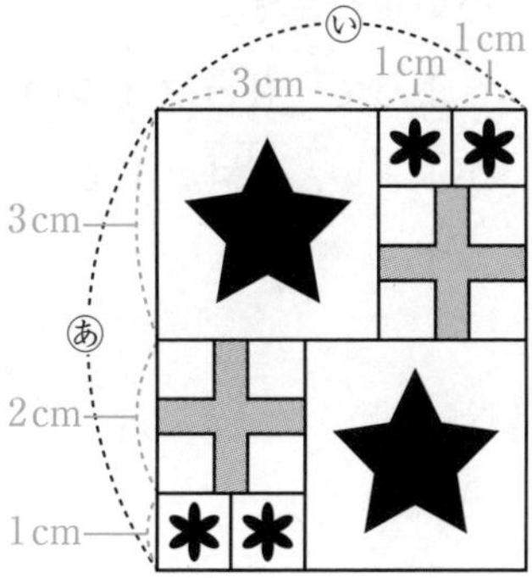

(20) 使うタイルの数の合計を少なくするには，大きいタイルをできるだけ多く使うようにするので，いちばん大きいタイルからじゅんにしきつめていきます。

いちばん大きいタイルは１辺の長さが３cmのタイル★です。★をできるだけ多くしきつめます。図３の長方形には，★が２まいしきつめられます。

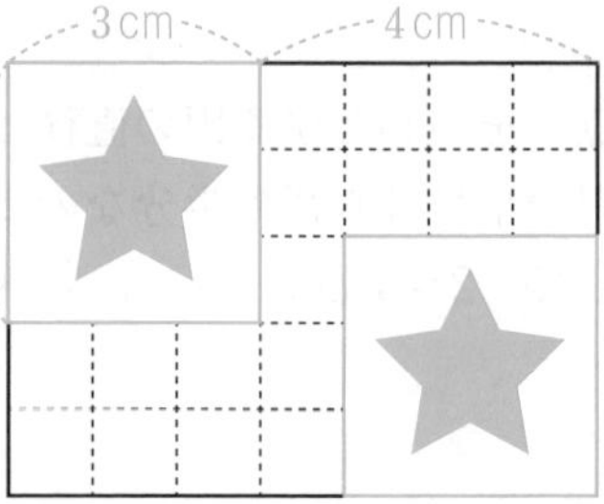

つぎに，２番めに大きいタイルをしきつめます。２番めに大きいタイルは１辺の長さが２cmのタイル⊞です。⊞をできるだけ多くしきつめます。⊞は４まいしきつめられます。

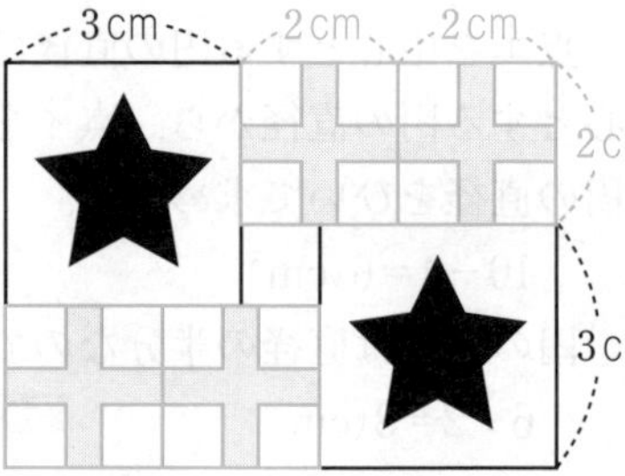

さいごに，１辺の長さが１cmのタイル✱をしきつめます。✱は１まいしきつめられます。

よって，使うタイルのまい数は，✱が１まい，⊞が４まい，★が２まいです。

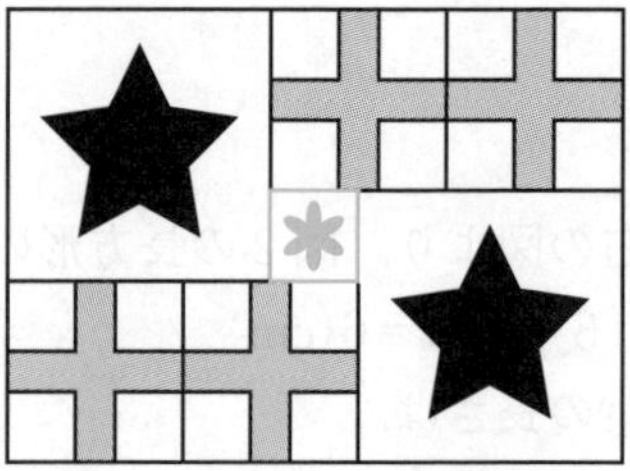

答え　✱　１まい，⊞　４まい，★　２まい

実用数学技能検定® 数検

過去問題集 9級

模範解答

π 算数検定　解答（かいとう）　第 1 回　9級

1	(1)	113
	(2)	39
	(3)	727
	(4)	541
	(5)	63
	(6)	24766
	(7)	7
	(8)	22
	(9)	9.1
	(10)	$\frac{4}{7}$

ここにバーコードシールをはってください。

太（ふと）わくの部分（ぶぶん）は必（かなら）ず記入（きにゅう）してください。

ふりがな			受検番号（じゅけんばんごう）
姓（せい）	名（めい）		ー
生年月日（せいねんがっぴ）	大正（たいしょう）・昭和（しょうわ）・平成（へいせい）・西暦（せいれき）		年　月　日生（うまれ）
性別（せいべつ）（□をぬりつぶしてください）男（おとこ）□　女（おんな）□			年齢（ねんれい）　歳（さい）
住所（じゅうしょ）	□□□-□□□□		/20

公益財団法人 日本数学検定協会

2	(11)	8 (人)
	(12)	3 (人)
3	(13)	8 (つ)
	(14)	12 (cm)
4	(15)	(式) 14×4＝56 (答え) 56 (まい)
	(16)	人数 6 (人) / あまり 2 (まい)
5	(17)	3 cm
	(18)	9 cm
6	(19)	3 と 4
	(20)	3

算数検定　解(かい)　答(とう)　第２回　9級

1	(1)	133
	(2)	52
	(3)	870
	(4)	762
	(5)	56
	(6)	23161
	(7)	8
	(8)	32
	(9)	3.6
	(10)	$\frac{8}{9}$

ここにバーコードシールをはってください。

太(ふと)わくの部分(ぶぶん)は必(かなら)ず記入(きにゅう)してください。

ふりがな		受検番号(じゅけんばんごう)
姓(せい)	名(めい)	—
生年月日(せいねんがっぴ) 大正(たいしょう)・昭和(しょうわ)・平成(へいせい)・西暦(せいれき) 年(ねん) 月(がつ) 日生(にちうまれ)		
性別(せいべつ)（□をぬりつぶしてください）男(おとこ)□ 女(おんな)□		年齢(ねんれい) 歳(さい)
住所(じゅうしょ)	□□□-□□□□	／20

公益財団法人 日本数学検定協会

2	(11)	1 (L) 7 (dL)
	(12)	6 (dL)
3	(13)	㋒
	(14)	① と ③
4	(15)	(式) 27×5=135 (答え) 135 (人)
	(16)	4 (きゃく) ┆ 3 (人)
5	(17)	8 cm
	(18)	14 cm
6	(19)	6
	(20)	3

算数検定　解答　第3回 9級

1	(1)	71
	(2)	18
	(3)	380
	(4)	800
	(5)	35
	(6)	672
	(7)	6
	(8)	32
	(9)	0.4
	(10)	$\frac{7}{9}$

ここにバーコードシールをはってください。

太わくの部分は必ず記入してください。

ふりがな			受検番号
姓	名		―
生年月日	大正 昭和 平成 西暦	年　月　日生	
性別（□をぬりつぶしてください）男□ 女□		年齢　歳	
住所	□□□-□□□□		/20

公益財団法人 日本数学検定協会

2	(11)	8	(月)
	(12)	10	(月)
3	(13)	4	(つ)
	(14)	㋑	
4	(15)	(式) 40 ÷ 5 = 8 (答え) 8	(こ)
	(16)	箱 6 (つ)	あまり 4 (こ)
5	(17)	12 cm	
	(18)	9 cm	
6	(19)	7	(g)
	(20)	3	(g)

算数検定　解　答（かいとう）　第 4 回　9級

1	(1)	105
	(2)	57
	(3)	562
	(4)	734
	(5)	56
	(6)	30576
	(7)	7
	(8)	43
	(9)	8.1
	(10)	$\frac{1}{9}$

ここにバーコードシールをはってください。

太わくの部分は必ず記入してください。

ふりがな			受検番号
姓	名		—
生年月日	大正 昭和 平成 西暦	年　月　日生	
性別（□をぬりつぶしてください）男□ 女□		年齢　歳	
住所	□□□-□□□□		/20

公益財団法人 日本数学検定協会

2	(11)	44 (本)
	(12)	(式) 34－28＝6 (答え) 6 (本)
3	(13)	4 (まい)
	(14)	12 (まい)
4	(15)	(午後) 2 (時) 55 (分)
	(16)	1 (時間) 20 (分)
5	(17)	6 cm
	(18)	24 cm
6	(19)	1 (こ)
	(20)	8 (こ)

算数検定 解(かい) 答(とう) 第 5 回 9級

1	(1)	144
	(2)	53
	(3)	455
	(4)	533
	(5)	54
	(6)	24780
	(7)	8
	(8)	31
	(9)	5.9
	(10)	$\frac{6}{7}$

ここにバーコードシールをはってください。

太(ふと)わくの部分(ぶぶん)は必(かなら)ず記入(きにゅう)してください。

ふりがな		受検番号(じゅけんばんごう)
姓(せい)	名(めい)	—
生年月日(せいねんがっぴ)	大正(たいしょう) 昭和(しょうわ) 平成(へいせい) 西暦(せいれき) 年(ねん) 月(がつ) 日(にち) 生(うまれ)	
性別(せいべつ)（□をぬりつぶしてください）男(おとこ)□ 女(おんな)□		年齢(ねんれい) 歳(さい)
住所(じゅうしょ)	□□□-□□□□	/20

公益財団法人 日本数学検定協会

2	(11)	4 (L) 8 (dL)
	(12)	9 (dL)
3	(13)	12 cm
	(14)	(れい) 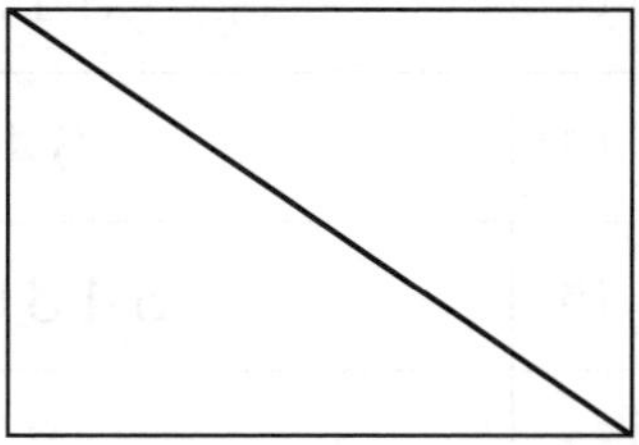
4	(15)	9 (列)
	(16)	21 (人)
5	(17)	4 cm
	(18)	㋓
6	(19)	じゅり (さんと) かれん (さん)
	(20)	9 (日と) 30 (日)

算数検定　解(かい)　答(とう)　第6回　9級

1	(1)	160
	(2)	56
	(3)	724
	(4)	843
	(5)	64
	(6)	34368
	(7)	8
	(8)	12
	(9)	8.2
	(10)	$\frac{2}{9}$

ここにバーコードシールをはってください。

太(ふと)わくの部(ぶ)分(ぶん)は必(かなら)ず記(き)入(にゅう)してください。

ふりがな		受検番号(じゅけんばんごう)
姓(せい)	名(めい)	—
生年月日(せいねんがっぴ)	大正(たいしょう)・昭和(しょうわ)・平成(へいせい)・西暦(せいれき)　年　月　日生(うまれ)	
性別(せいべつ)（□をぬりつぶしてください）男(おとこ)□　女(おんな)□	年齢(ねんれい)　歳(さい)	
住所(じゅうしょ)	□□□-□□□□	/20

公益財団法人 日本数学検定協会

2	(11)	60 (まい)
	(12)	19 (まい)
3	(13)	2 (こ)
	(14)	3 (本)
4	(15)	5 (人)
	(16)	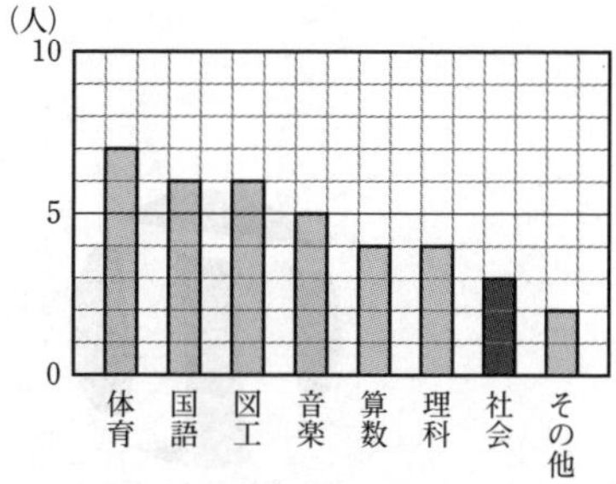
5	(17)	5 cm
	(18)	3 cm
6	(19)	㋐ 6 (cm) ㋑ 5 (cm)
	(20)	✱ 1 (まい) ⊞ 4 (まい) ★ 2 (まい)

算数検定